p.7

p.9

p.10

p.11

p.13

适合套穿的背心

p.18

p.19

p.20

p.21

p.22

轻薄凉爽的开衫

p.27

p.28

p.29

p.30

p.31

令人心动的设计

在可以尽情地展示时尚的季节，毛衫设计上也处处彰显匠心。
请大家尽情体验款式和品位俱佳的优质毛衫编织吧。

1

套头衫

将六边形花片连在一起，
表现出立体花样，
复古中带着现代的感觉。
使用了在阳光下
闪闪发亮的金银丝线。

设计：小野琇未
制作：森山妙子
使用线：Ski Quartz
●编织方法：p.38

开衫

大胆地使用了两种多米诺编织，
再加上大V领的设计，
非常有春天的感觉。
混合色毛线营造出一种别样的韵味。

设计：冈 真理子
制作：水野 顺
使用线：Ski Meilong
●编织方法：p.33

2

套头衫

花朵形状的三角形花片是主角，
让这件毛衫看起来非常有女人味。
法式袖还可以很好地遮住上臂的肉肉。

设计：Fukiko
使用线：Ski Leaf
●编织方法：p.42

3

4

套头衫

从略显厚重的菱形花样，
到轻柔的镂空花样，
织成一款穿上去悠然自得的
无袖套头衫。

设计：田村佳苗
使用线：Ski Mirinae
●编织方法：p.44

背心

从下到上，从左到右，
方眼编织和十字形花样
一起组成这件夏意满满的
背心。
绿色渐变色给人一种
清凉的感觉。

设计：角田奈津子
使用线：Ski Vega
●编织方法：p.46

5

6

开衫

这件开衫在穿的时候，
长方形的前身片交掩在一起，
非常有日式的感觉。
用清爽的棉丝线，
编织稍宽的边缘。

设计：岸 睦子
制作：上野裕子
使用线：Ski Harugasumi
●编织方法：p.49

套头衫

将以小花图案为中心的饰带
连在一起，织成这件可爱的套头衫。
下摆的荷叶边给人一种
华丽的感觉。

设计：松泽初枝
制作：松本真纪子
使用线：Ski Meilong、Ski Supima Cotton
●编织方法：p.54

7

套头衫

和作品 7 的编织方法相同，
只是改变了颜色和线材，
给人一种凉爽的感觉。
洁白的小花呈纵向连接，
看起来干脆利落。

设计：松泽初枝
制作：松本真纪子
使用线：Ski Vega、Ski Supima Cotton
●编织方法：p.54

8

简约大气的休闲毛衫

简约的时尚毛衫，正因为简单，才更加衬托出个性。
柔和的色调和宽松的款式，请尽情享受女性沉稳的装束吧。

套头衫

这款 H 形套头衫上，
三种不同的花样非常优美。
用优质棉线编织，
给炎热的季节带来舒适的穿着体验。

设计：镰田惠美子
制作：饭塚静代
使用线：Ski Supima Cotton
●编织方法：p.58

9

10

套头衫

使用色彩稳重且带着优雅光泽的毛线，整体编织菱形花格花样，使这件毛衫给人一种富丽之感。下摆的锯齿状花样为毛衫增加了亮点。

设计：田村佳苗
使用线：Ski Yuusari
●编织方法：p.62

套头衫

光滑、清爽的线材，
恰到好处的镂空设计，
整体给人一种清凉的感觉。
改变内搭的颜色和款式，
就可以穿出不同的风格。

设计：那波友子
使用线：Ski Adessa
●编织方法：p.61

11

套头衫

在菱形镂空花样之间，
编入交叉花样，营造出立体感。
下摆和衣领的边缘也颇具匠心，
看起来简约而不简单。

设计：原田千惠子
使用线：Ski Meilong
●编织方法：p.64

12

套头衫

宽窄相间的镂空花样套头衫，
看起来分外清爽宜人。
边缘小小的荷叶边花样，
带来几分甜美的感觉。
略显宽松的款式，
适合编织成短款。

设计：今井泰子
使用线：Ski Harugasumi
●编织方法：p.69

13

适合套穿的背心

不用连接袖子，编织起来很方便，因此很受欢迎。
带着微妙感觉的镂空设计恰到好处，很适合搭配小背心穿着。

背心

14

用方眼编织围住七宝花样，
让织片呈现一种稳定感。
银紫色金属线增加了凉爽的感觉。
如果搭配黑色内搭，
更有女人味。

设计：原田千惠子
使用线：Ski Sofia
●编织方法：p.77

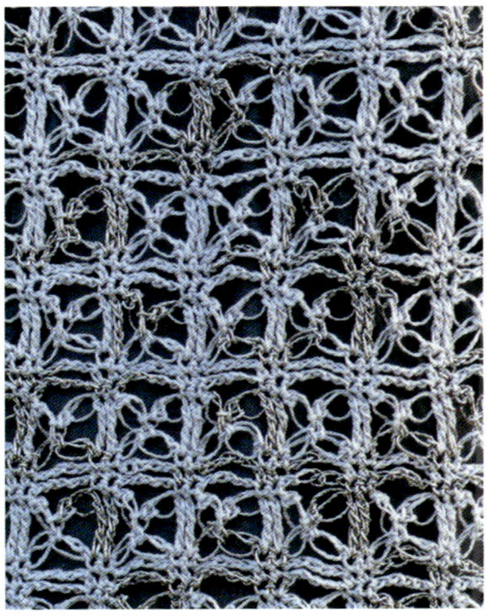

15

背心

15

用混入金银丝线的带子线，
编织波浪花样。
编织方法很简单，
形成的自然花边
很有女性魅力。

设计：角田奈津子
使用线：Ski Quartz
●编织方法：p.72

16

背心

明媚的颜色让人心情愉悦，
更有夏日气息，也更养眼。
使用捻度高的棉麻线编织，
花样更加分明。

设计：冈 真理子
制作：内海理惠
使用线：Ski Cotton Linen~ 夏衣 ~
●编织方法：p.91

17

背心

彩蓝色的渐变色线非常好看，
这款圆育克毛衫是
从领口向下摆编织的。
大胆的镂空花样，
给人透气、清凉的感觉。

设计：Ski 毛线企划室
制作：Nebata Knit
使用线：Ski Meilong
●编织方法：p.74

背心

用棒针精心编织基础花样，
再用钩针勾勒轮廓。
使用富有光泽的高级线材，
织成一件带着传统气息的背心，
也很方便穿脱。

设计：伊藤由香里
使用线：Ski Supima Cotton
●编织方法：p.97

18

背心

斜向的线条，简单的背心，
用小饰品点缀一下就很出彩了。
衣领和下摆设计了贝壳花样，
增加了几分甜美的感觉。

设计：Sachiko Fukao
制作：* 美羽 *
使用线：Ski Yuusari
●编织方法：p.80

锦上添花的小披肩

在衣衫越来越薄的季节，如果觉得日常装束总是少点什么，
就试着搭配一条钩编的小披肩吧。
披上它，立即变得更有女人味了。

披肩

这款连编花片披肩，
将简单的服饰点缀得更加华美。
使用柔和的深色调，
更加富有夏日气息。

设计：Ski 毛线企划室
制作：田渊直子
使用线：Ski Cagall
●编织方法：p.53

20

21

披肩

浆果色系的迷你披肩很有女人味，
轻轻地披上，
披肩随着移动轻轻摇曳，
就像一件精美的装饰。

设计：C.dream 小泉香织
制作：香子
使用线：Ski Vega
●编织方法：p.82

22

披肩

简单的设计，
稍微带着一点复古的感觉，同时也很时尚。
这款横向钩织的小披肩，也可用作围巾，
在强烈的阳光下，能挡住紫外线对脖子的照射。

设计：矢野康子
使用线：Ski Meilong
●编织方法：p.68

轻薄凉爽的开衫

开衫在春夏季节非常实用，随意披着，看着就很凉爽。
一起来感受一下这些造型优美、加入流行元素的开衫吧。

23

开衫

华美的色彩，
大大的方形花样，很是引人注目。
这是一款充满夏日气息的开衫。
使用手感轻柔的线材，
夏天穿着也很清爽。

设计：矢野康子
制作：长谷川千代子
使用线：Ski Cagall
●编织方法：p.84

开衫

引返编织的麻花花样整齐地排列着，
圆育克的设计带着几分怀旧的色彩。
线材的颜色有些微妙，
开衫整体给人一种浑然天成的感觉。

设计：武田敦子
制作：荒川直子
使用线：Ski Mirinae
●编织方法：p.88

24

开衫

使用低调的灰蓝色线，
钩织一款清爽的镂空开衫。
丝麻线给人沉稳的感觉，
质感也很好。

设计：河合真弓
制作：栗原由美
使用线：Ski Linen Silk
●编织方法：p.94

25

短上衣

浪漫的丁香花色很有春天的感觉，
编织成一件宽松的波莱罗上衣。
使用含有和纸的细线，
用 2 根线编织，很快就完成了。

设计：武田敦子
制作：饭塚静代
使用线：Ski Leaf
●编织方法：p.102

26

开衫

在前身片和后身片中心加入编织花样，
成为开衫的亮点。
这款开衫很适合春夏之际穿着。
简单的设计令人百穿不厌，
可以穿很多年。

设计：镰田惠美子
制作：有贺贞子
使用线：Ski Linen Silk
●编织方法：p.101

本书用线一览

线名	成分	粗细	色数	规格	线长	使用针号	下针编织密度	线材的特点
1 Ski Meilong	人造丝66%、棉16% 锦纶13% 涤纶5%	粗	8	30g/团	约100m	4 ~ 6号 4/0 ~ 6/0号	24 ~ 26针 31 ~ 34行	富有光泽的人造丝材质的段染线中，加入金丝线，增强了当下流行的光亮感。适中的蓬松度，再加上丰富的色彩变化，使线材看起来非常华丽。
2 Ski Harugasumi	棉46% 真丝54%	中细	8	30g/团	约121m	3 ~ 5号 4/0 ~ 5/0号	26 ~ 29针 35 ~ 37行	这款线的光泽比较内敛，由天然的丝线和彩色棉质竹节纱线捻成，带着一种微妙的感觉，是颇具匠心的一款线。
3 Ski Quartz	涤纶69% 人造丝31%	粗	11	30g/团	约120m	3 ~ 5号 4/0 ~ 5/0号	24 ~ 27针 29 ~ 34行	这是一款非常适合春夏季节的线材，里面的金银丝线一闪一闪的，而且很轻柔。带子纱粗细适中，很容易编织。
4 Ski Yuusari	铜氨纤维42% 棉29% 腈纶29%	中细	12	30g/团	约103m	3 ~ 5号 4/0 ~ 5/0号	24 ~ 27针 31 ~ 35行	这是一款单色平直毛线，含有铜氨纤维，带着适中的韧性。编织出来的衣物带着自然褶的感觉和雅致的光泽。
5 Ski Supima Cotton	棉(进口长绒棉)100%	粗	25	30g/团	约98m	3 ~ 5号 3/0 ~ 5/0号	23 ~ 26针 30 ~ 33行	使用了最优质的进口长绒棉，带着像真丝一般的光泽。一共有25种颜色，无论是毛衣，还是小物，都可以编织。
6 Ski Mirinae	棉45% 腈纶39% 涤纶16%	粗	9	30g/团	约93m	5 ~ 6号 5/0 ~ 6/0号	20 ~ 21针 26 ~ 28行	用棉质莉莉纱包住短间距彩色段染线和细细的金银丝线，纺成这种类似点描颜色、一闪一闪的优美线材。
7 Ski Cagall	腈纶65% 棉35%	中细	9	30g/团	约132m	3 ~ 5号 3/0 ~ 5/0号	22 ~ 24针 27 ~ 33行	颜色复杂的线材，编织出来的衣物像绘画一般色彩斑斓，很有特色。线材带着清凉感，而且很轻柔，是一款很受欢迎的夏季线材。
8 Ski Adessa	其他纤维(和纸)50% 人造丝50%	粗	9	25g/团	约83m	4 ~ 6号 4/0 ~ 6/0号	22 ~ 24针 28 ~ 31行	色彩黯淡的和纸和有光泽的人造丝纺成长间距段染线，带着适中的弹性，别有一番意趣。
9 Ski Vega	腈纶54% 人造丝46%	粗	10	25g/团	约104m	4 ~ 6号 3/0 ~ 5/0号	24 ~ 25针 30 ~ 33行	这是一款颇具匠心的线材，编着编着就会呈现出条纹。使用的针不同，或者编织的花样不同，颜色的呈现方法也会不一样，编织出来的作品原创感十足。
10 Ski Leaf	腈纶59% 其他纤维(和纸)24% 涤纶17%	中细	7	25g/团	约116m	3 ~ 4号 3/0 ~ 4/0号	23 ~ 24针 36 ~ 37行	这种多股线混捻的毛线，含有和纸成分，带着恰到好处的弹性。拥有时尚的混合色，轻柔无比，适合编织各种夏季的东西。
11 Ski Linen Silk	亚麻(法国亚麻)70% 真丝30%	中细	13	25g/团	约99m	3 ~ 5号 3/0 ~ 5/0号	23 ~ 26针 26 ~ 30行	使用了以生产优质亚麻闻名的法国生产的亚麻，混入真丝，纺成这款带着光泽和弹性的线材。
12 Ski Cotton Linen ~夏衣~	棉70% 亚麻30%	中细	15	30g/团	约116m	3 ~ 4号 3/0 ~ 4/0号	26 ~ 28针 33 ~ 35行	这款棉线含有亚麻材质，色彩丰富，带着自然光泽，是一款非常适合钩针编织的捻度高的平直毛线。
13 Ski Sofia	棉83% 人造丝10% 锦纶7%	中细	10	30g/团	约127m	3/0 ~ 4/0号	21 ~ 24针 31 ~ 33行 (短针)	用富有光泽的线材包住带状棉线，这种线很适合钩针编织。自然的光泽给人清凉、时尚的感觉。

● 线的粗细仅作为参考，下针编织密度是制造商提供的数据。
● 此表所列均为常用数据，具体见作品。

※ 图片为实物粗细

作品的编织方法

2

p.4

●**材料**　Ski Meilong（粗）淡米色系（1521）265g/9 团，直径 1.3cm 的纽扣 6 颗
●**工具**　棒针 5 号、3 号、7 号
●**成品尺寸**　胸围 98cm，衣长 57cm，连肩袖长 27cm
●**编织密度**　10cm×10cm 面积内：编织花样（育克）22 针，40 行
●**花片大小**　12cm×12cm（A、B）
●**编织要点**　按照多米诺编织的要领，按顺序编织。下摆的花片 A、A'、A" 手指挂线起针，按照图示编织。花片 A 做编织花样，花片 B 编织起伏针。下摆第 2 列以后，从下面的花片挑针，前端编织 A'、A"，袖口开口编织变形的花片 B☆和花片 B'、B"。从前后身片挑针做编织花样，角部一边减针一边编织育克。前门襟接着衣领编织扭针的单罗纹针，右前门襟开扣眼，最后做伏针收针。袖口环形编织扭针的单罗纹针。

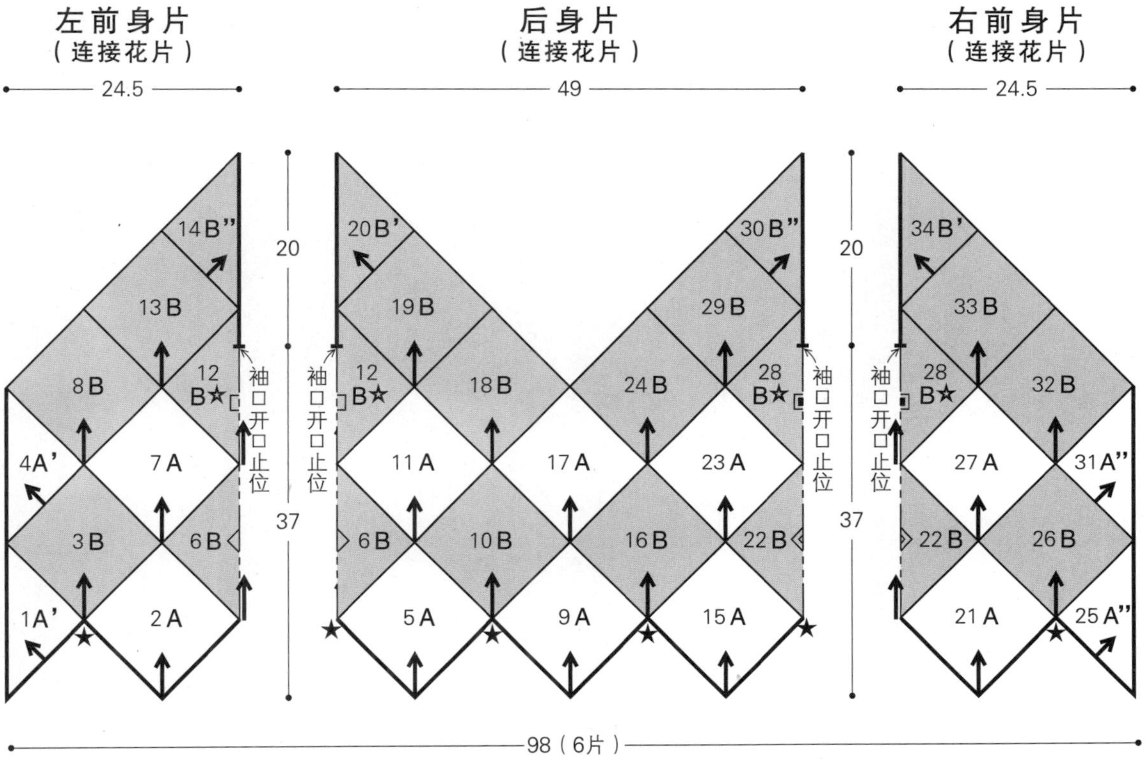

※ 起针时用7号针，身片用5号针编织
※ 花片中的数字表示编织顺序
※ 相同标记表示同一个花片

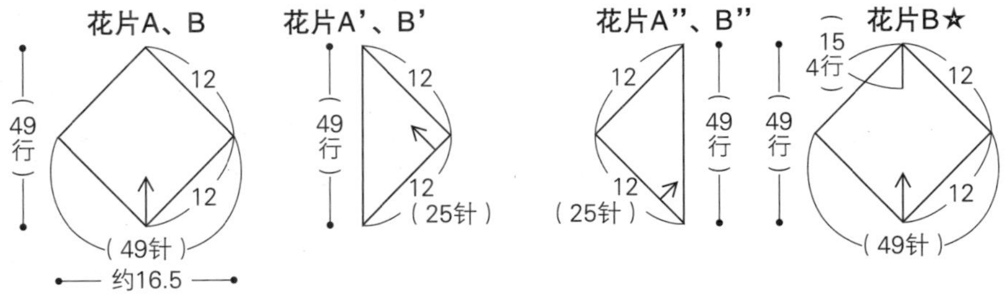

※ 编织图中未标明单位的表示长度的数字均以厘米（cm）为单位

花片A（编织花样）

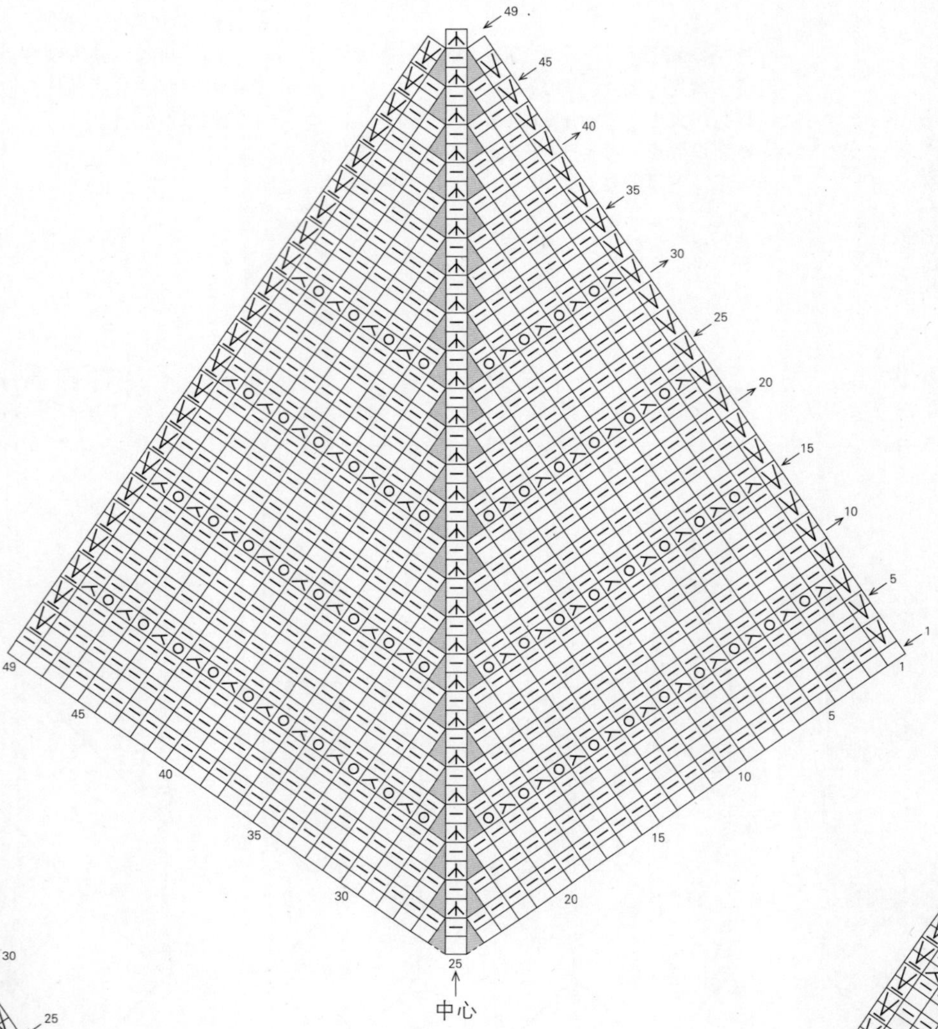

花片A'

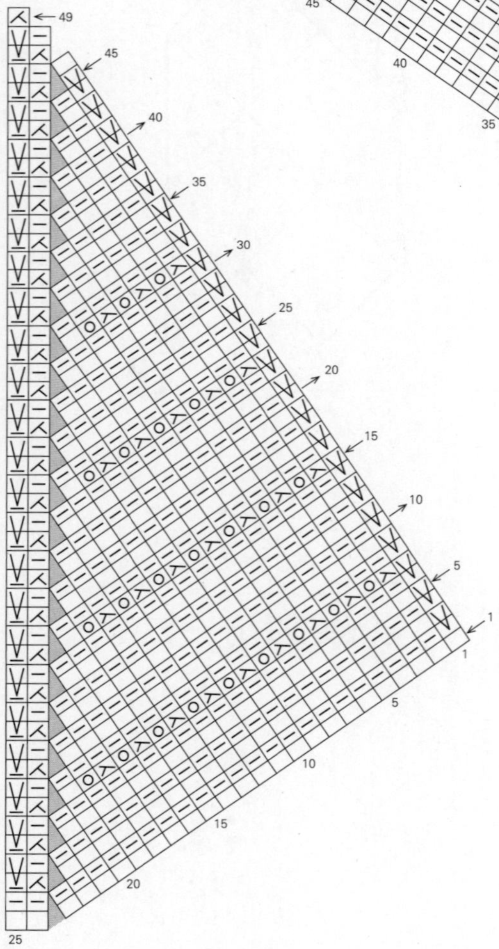

花片A''

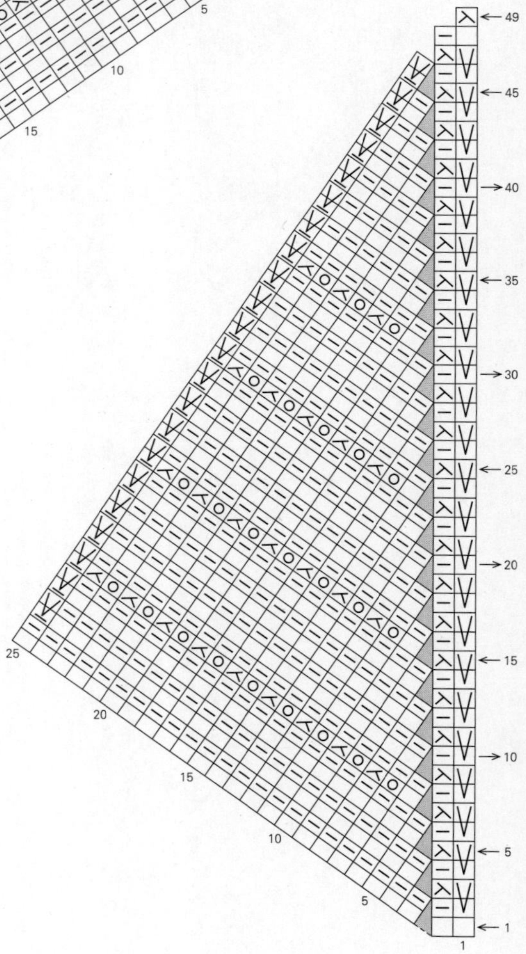

□ = ⊡ 下针

■ = 无针目处

花片B☆

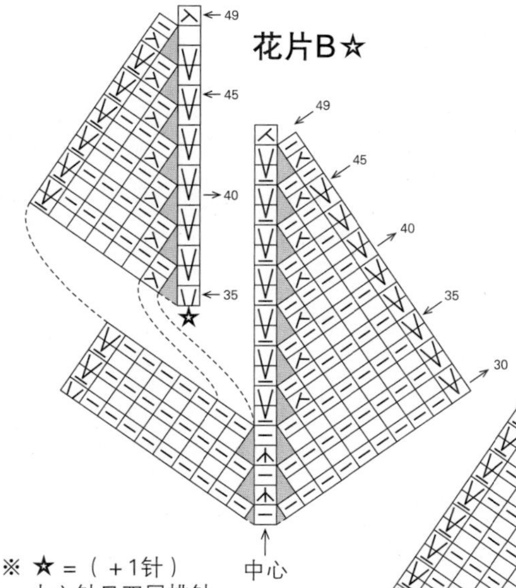

※ ☆ =（ +1针 ）
中心针目双层挑针

※ 按照花片B的方法钩织至第34行

花片B（起伏针）

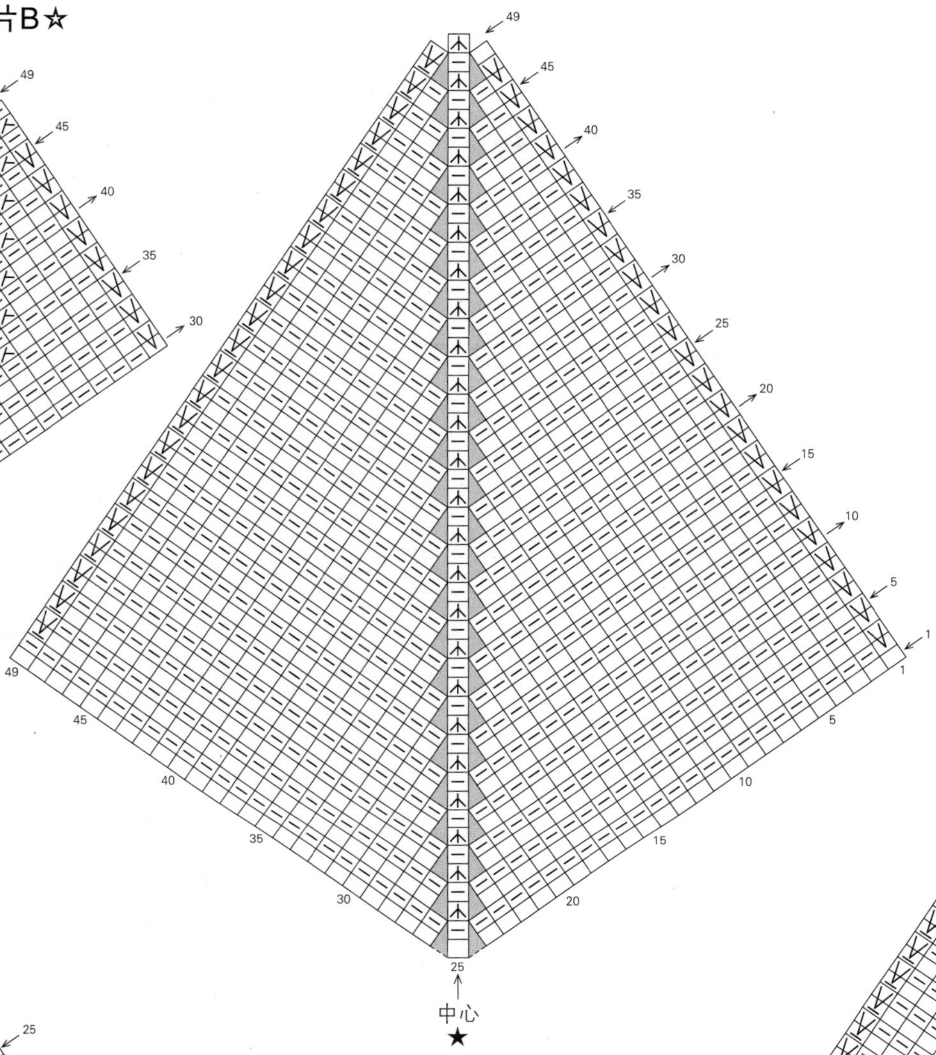

★从下摆起第2列的中心和第1列第2片端头的针目对齐挑针

花片B'

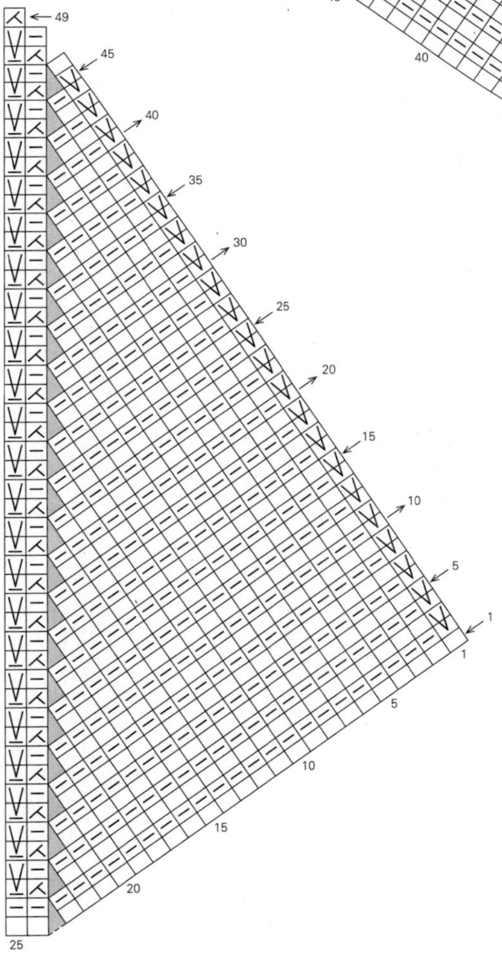

花片B''

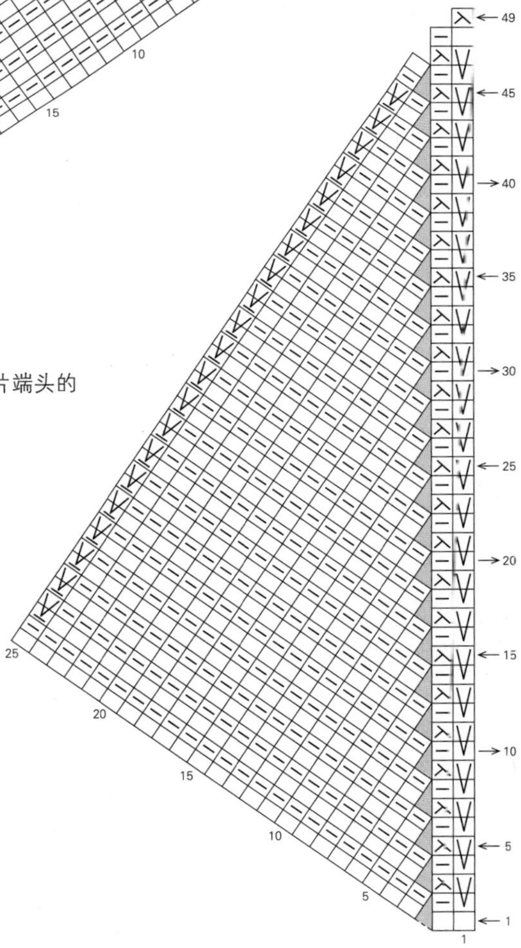

□ = 〔I〕 下针

▧ = 无针目处

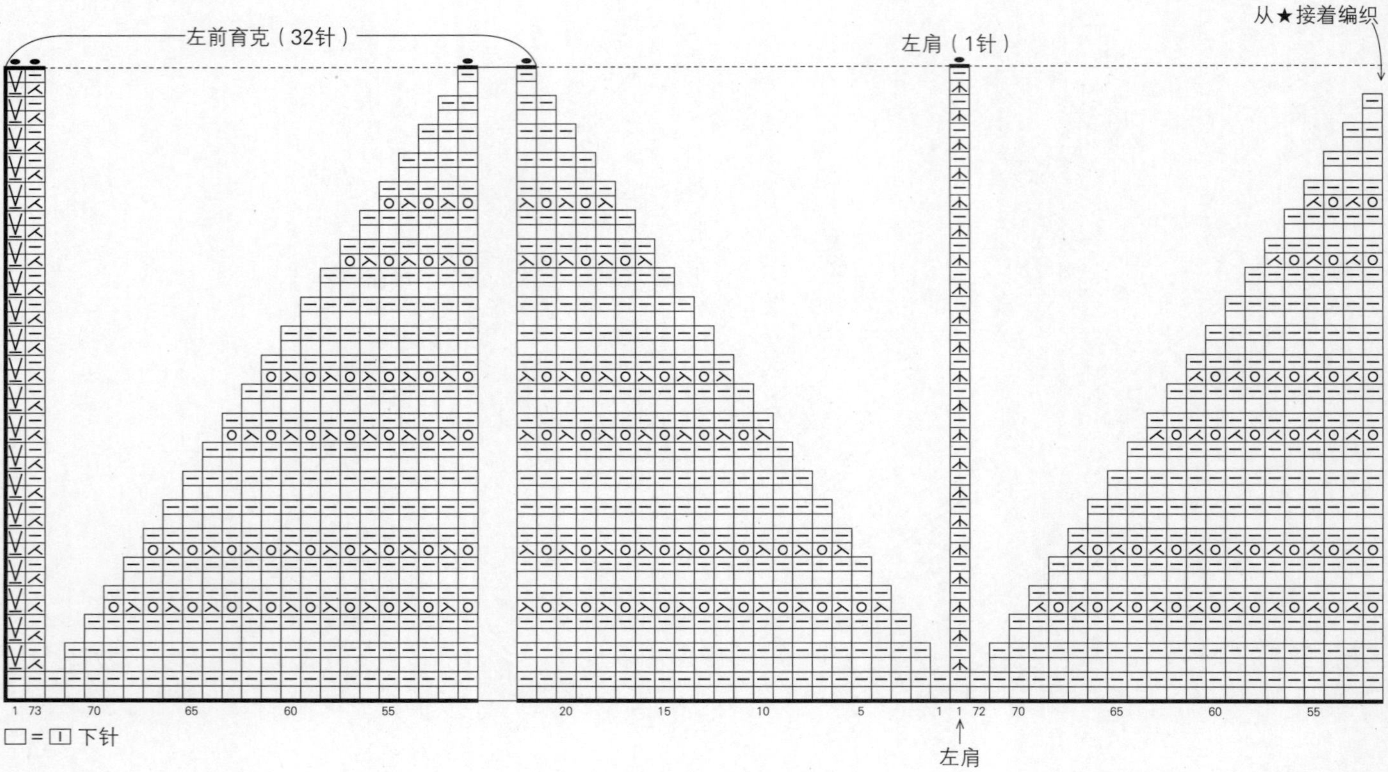
左前育克（32针）
左肩（1针）
从★接着编织
1 73 70 65 60 55
20 15 10 5 1 1 72 70 65 60 55
左肩

□＝□ 下针

育克（编织花样）

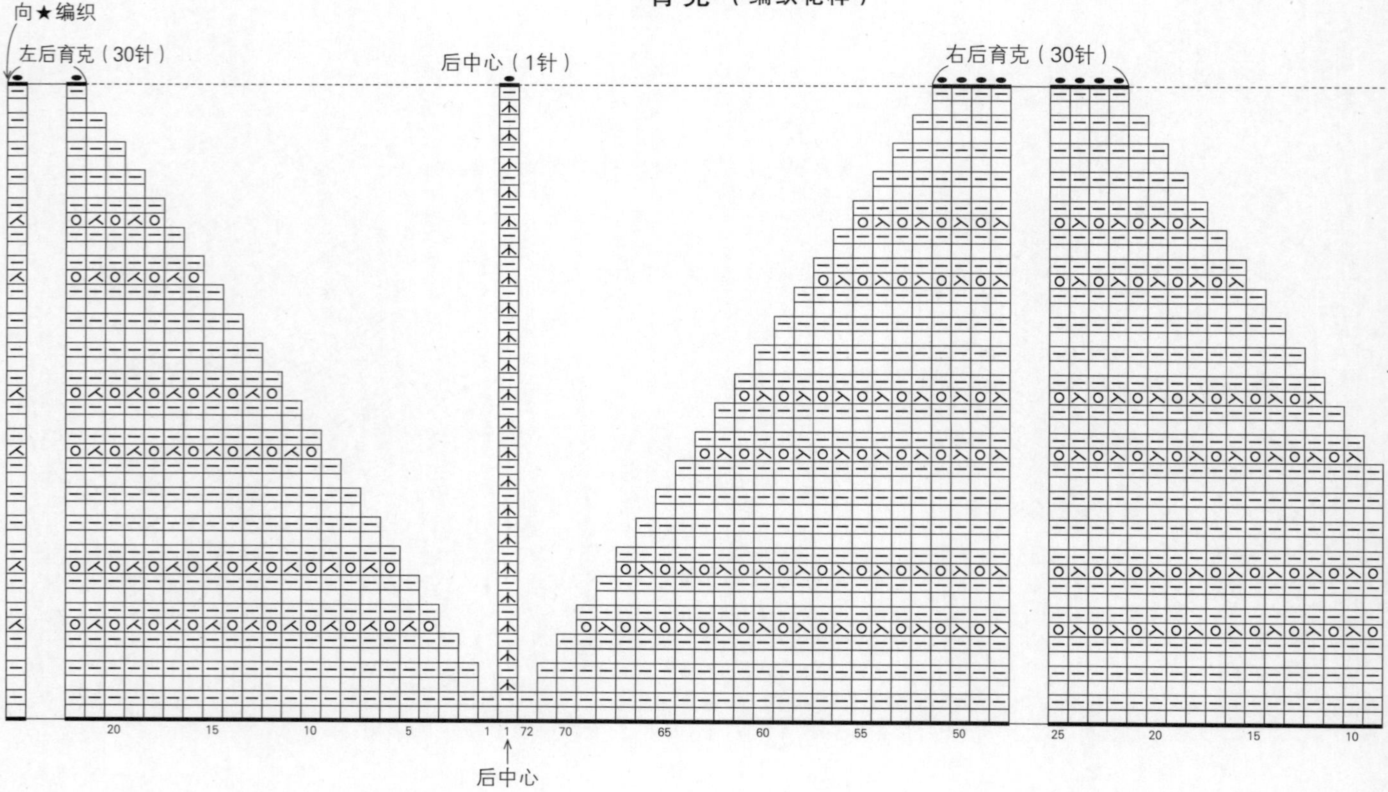
向★编织
左后育克（30针）
后中心（1针）
右后育克（30针）
20 15 10 5 1 1 72 70 65 60 55 50
25 20 15 10
后中心

育克（编织花样）

5号针

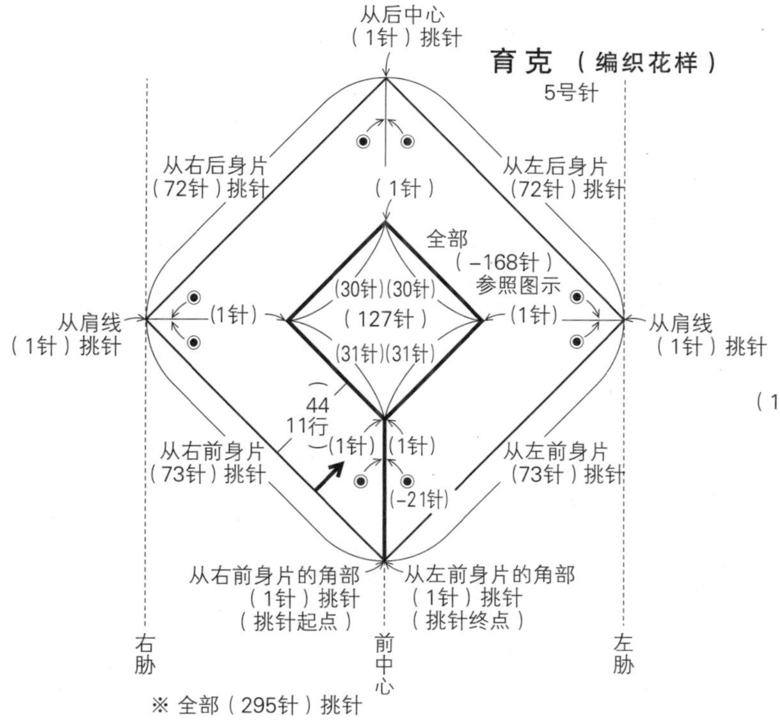

※ 全部（295针）挑针

袖口、前门襟、衣领（扭针的单罗纹针）3号针

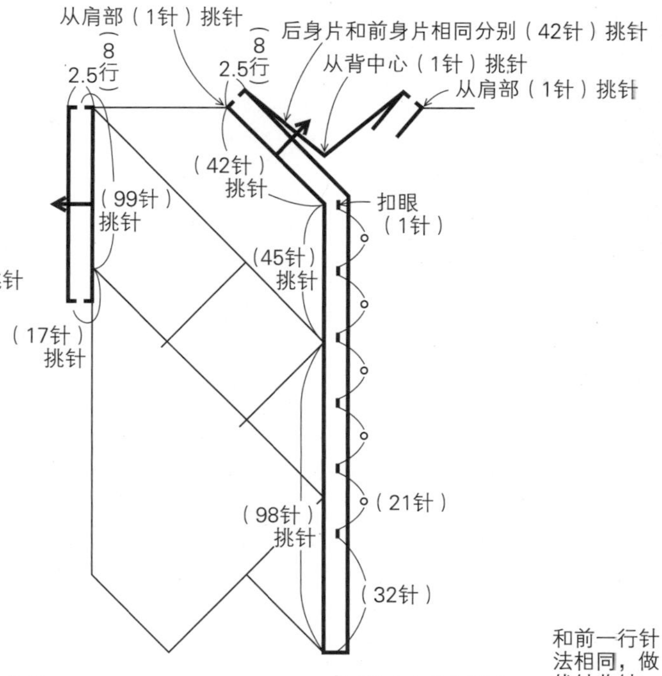

扭针的单罗纹针（袖口）

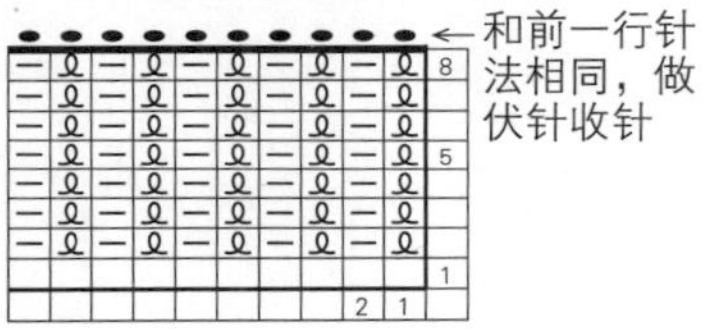

□ = Ⅰ 下针

扭针的单罗纹针（前门襟、衣领）

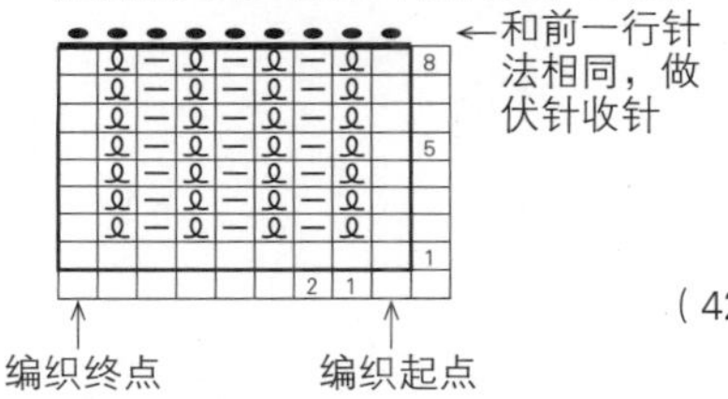

□ = Ⅰ 下针

扣眼（右前门襟）

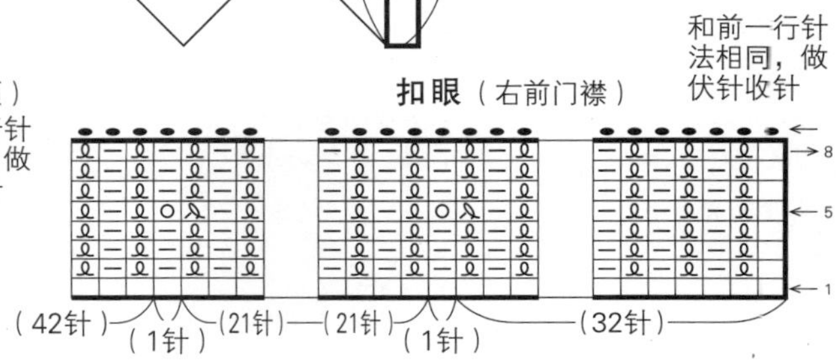

□ = Ⅰ 下针　 = 扭针的右上2针并1针

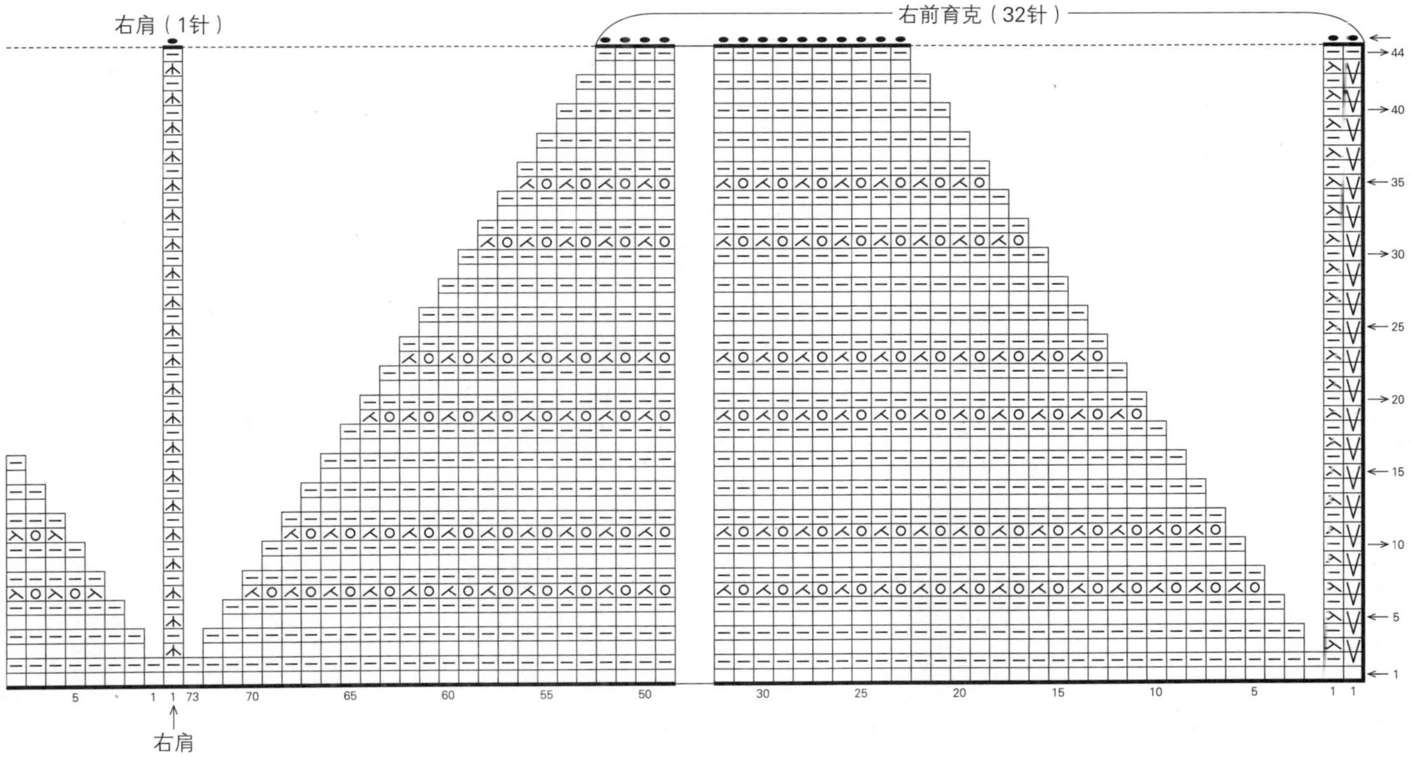

1

p.3

●材料 Ski Quartz（粗）乳白色（1721）260g/9 团

●工具 钩针 3/0 号、4/0 号

●成品尺寸 胸围 112cm，衣长 45cm，连肩袖长 36.5cm

●花片大小 14cm×16.5cm

●编织要点 花片 A 中心环形起针，钩织 9 行，呈六边形。6 处长针的正拉针从第 5 行开始在前一行的长针上钩织 2 针，整段挑起钩织。从下摆起，将 8 片花片 A 横向连接成环形，用同样方法再连接 2 条。连接锁针时，钩织引拔针；连接长针时，将钩针取下，插入相邻长针的头部 2 根线，钩织长针连接。第 3 列前后各连接 5 片，衣领开口钩织花片 B，袖口钩织花片 C。下摆和袖口做边缘编织 A，衣领做边缘编织 B，均环形编织。

前后身片（连接花片）4/0号针

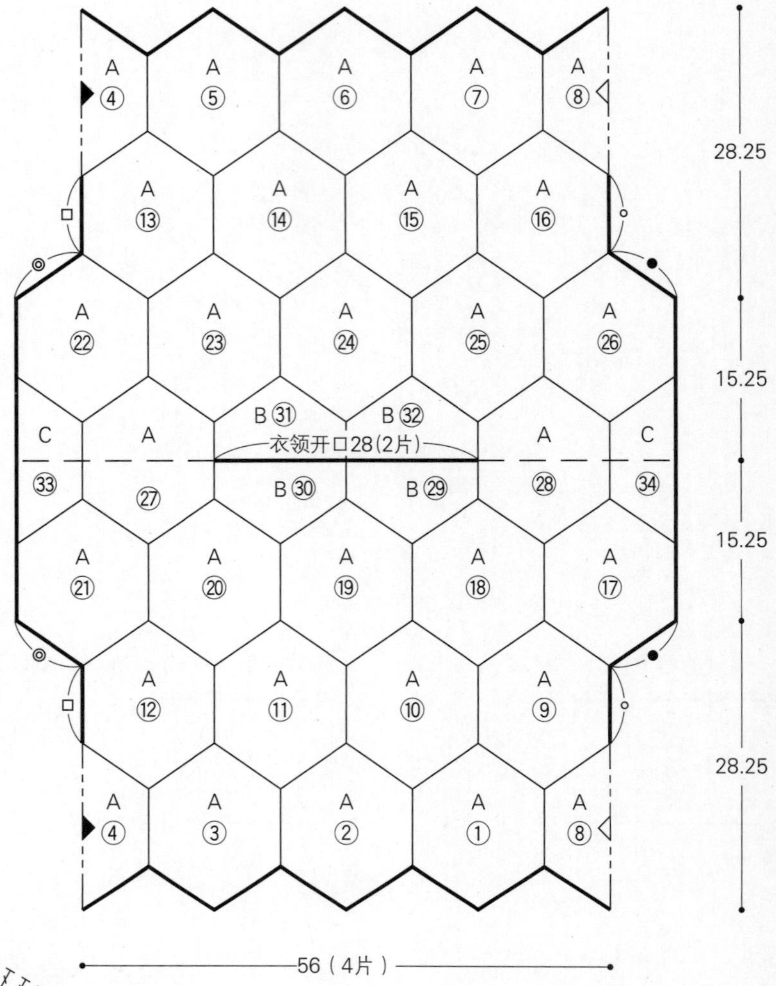

※ ○内的数字表示连接花片的顺序

※ ◁▷、◀▶表示是同一个花片相同标记○、□、●、◎处连在一起钩织

花片A

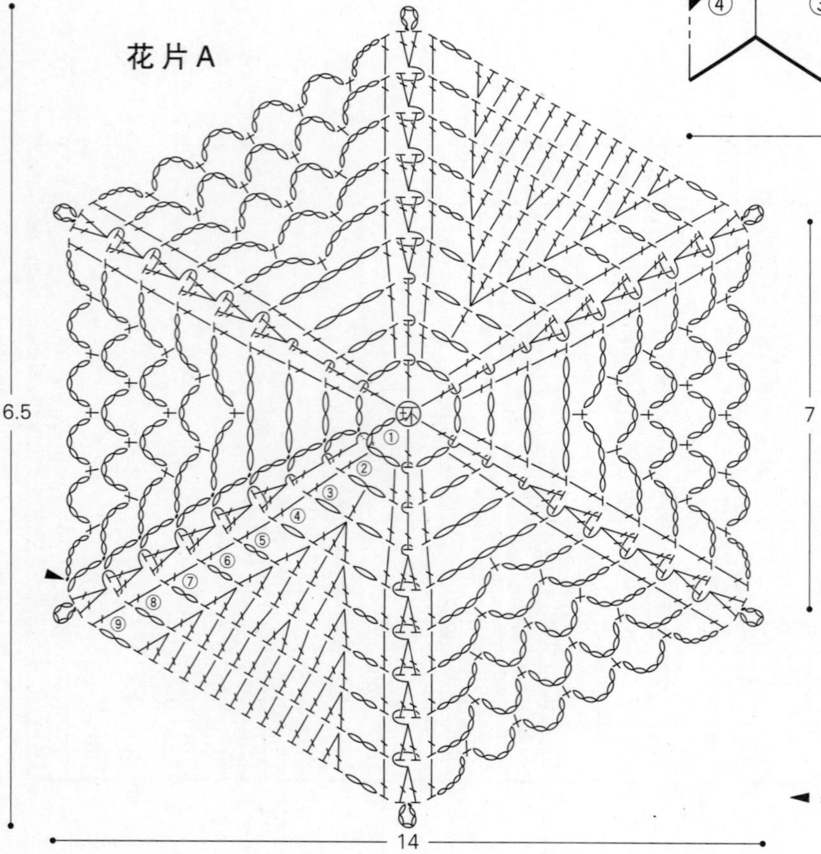

◄ = 剪线

花片

花片A ---------28片

花片B ---------4片

花片C ---------2片

前后身片

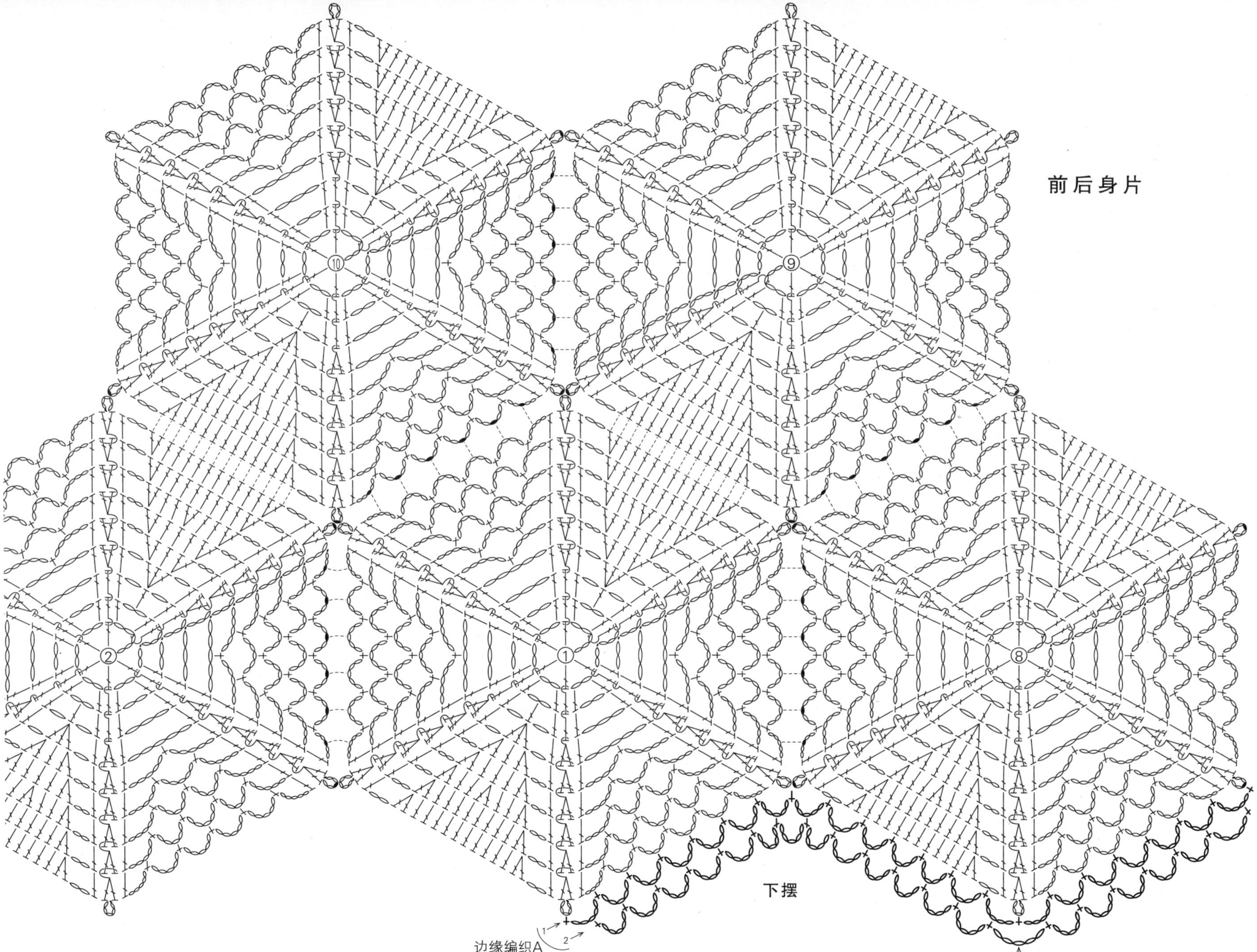

※ 长针的连接方法
连接前，将钩针上的针目取下，从连接针目的前面拉出，
将钩针插入连接针目的头部2根线中，钩织长针

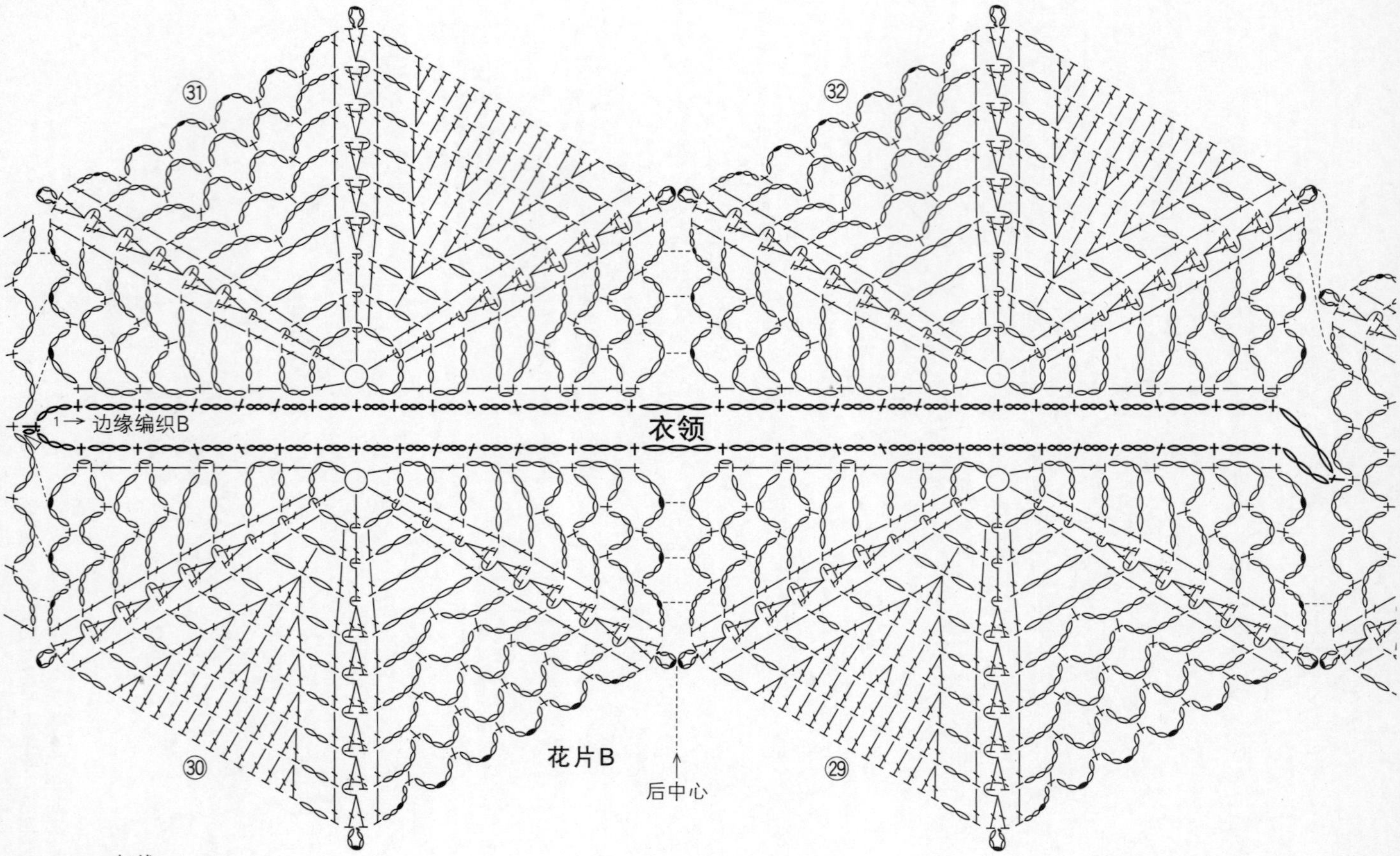

◁ = 加线

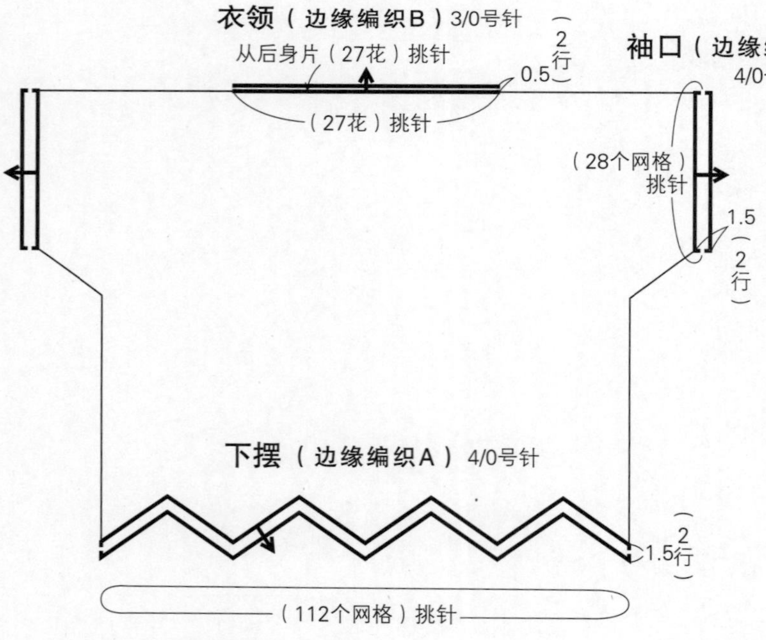

※ 花 = 个花样

边缘编织A（下摆、袖口）

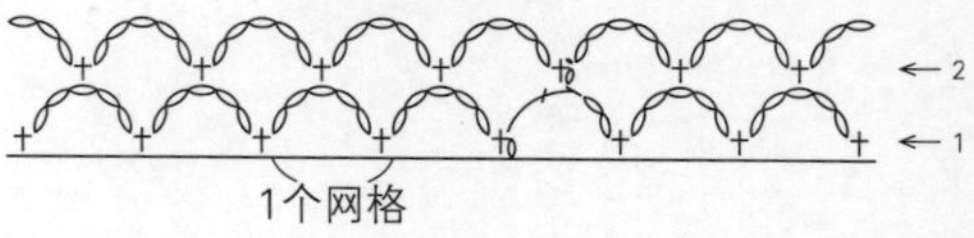

边缘编织B（衣领）

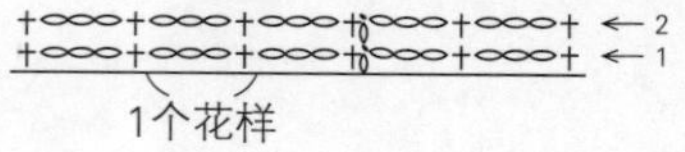

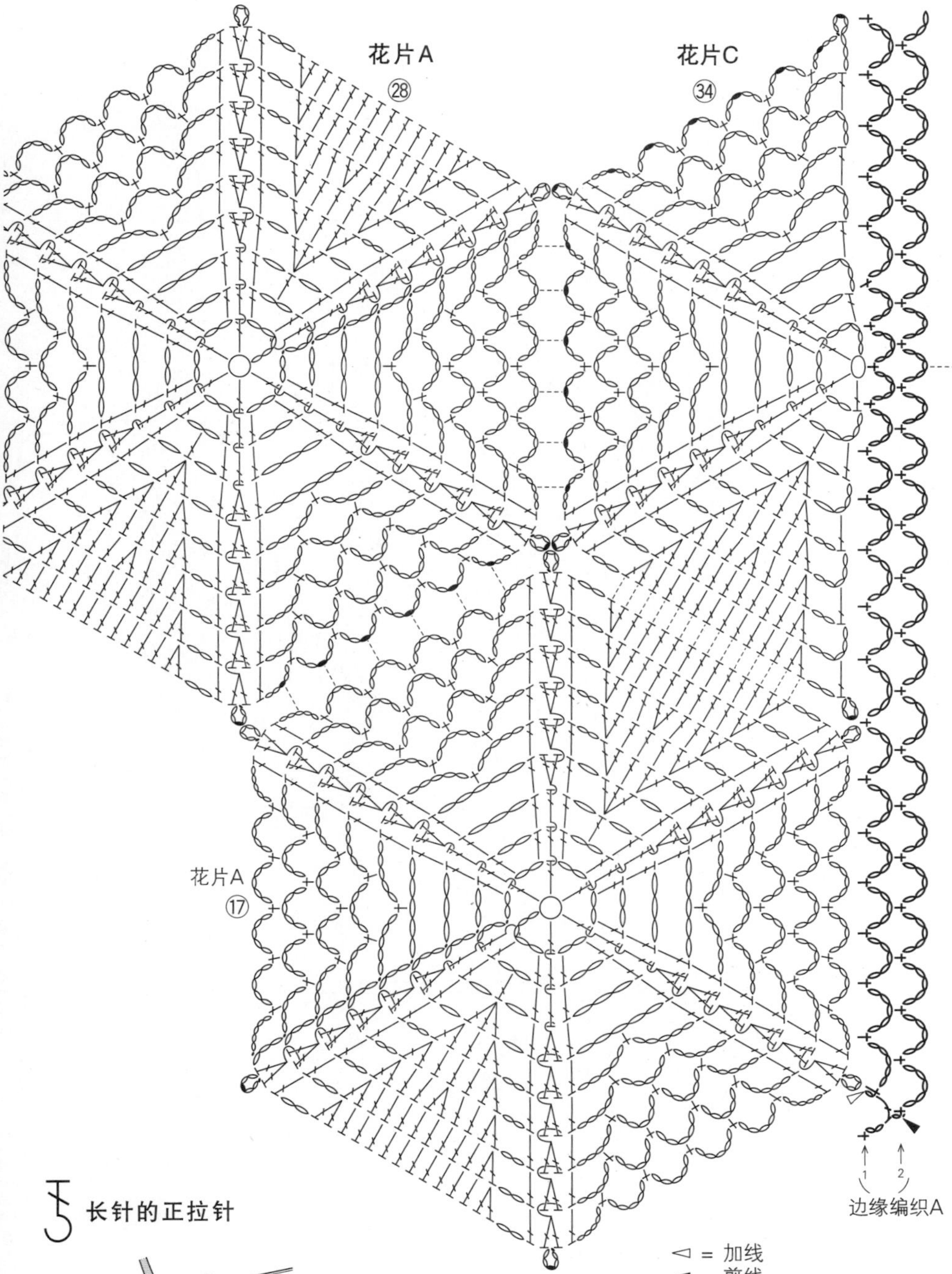

◁ = 加线
◀ = 剪线

用长针连接花片的方法

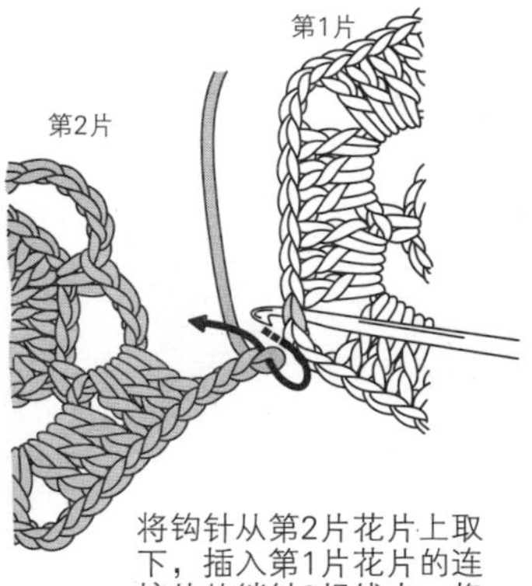

将钩针从第2片花片上取下，插入第1片花片的连接处的锁针2根线中，将刚才的针目拉出。

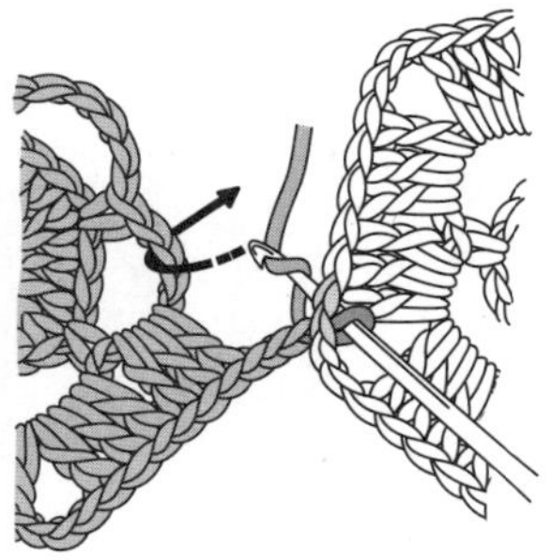

将钩针插入连接处的头部2根线中，挂线并按箭头所示插入锁针链，将线拉出。

花片C

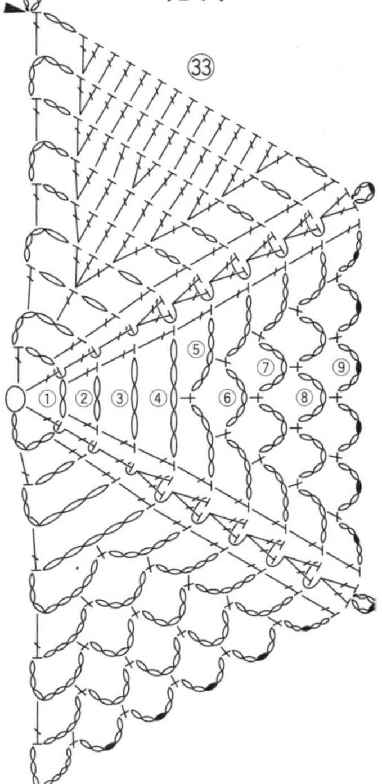

长针的正拉针

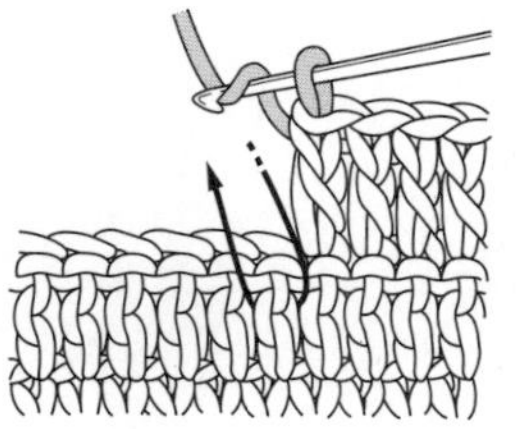

钩针挂线，如箭头所示从正面插入前一行针目的根部，钩织长针。

3

p.5

●**材料**　Ski Leaf（中细）棕色（1212）195g/8团

●**工具**　钩针 3/0 号

●**成品尺寸**　胸围 96cm，衣长 53.5cm，连肩袖长 35.5cm

●**花片大小**　底长 12cm、高 10.5cm 的等腰三角形

●**编织要点**　一边将花片 A 和花片 B 连接起来，一边钩织。花片 A 环形起针，按照图示钩织三角形花片。花片 B 做方眼编织，钩织成三角形。周围钩织网眼针，注意花片的连接方向。花片 A 和花片 B 按照图示钩织，各花片在最终行和相邻花片钩织引拔针连接在一起。下摆做边缘编织 A，袖口做边缘编织 A'，衣领做边缘编织 B，均环形编织。花片连接时针目部分的编织方法有所变化，注意参照图示。

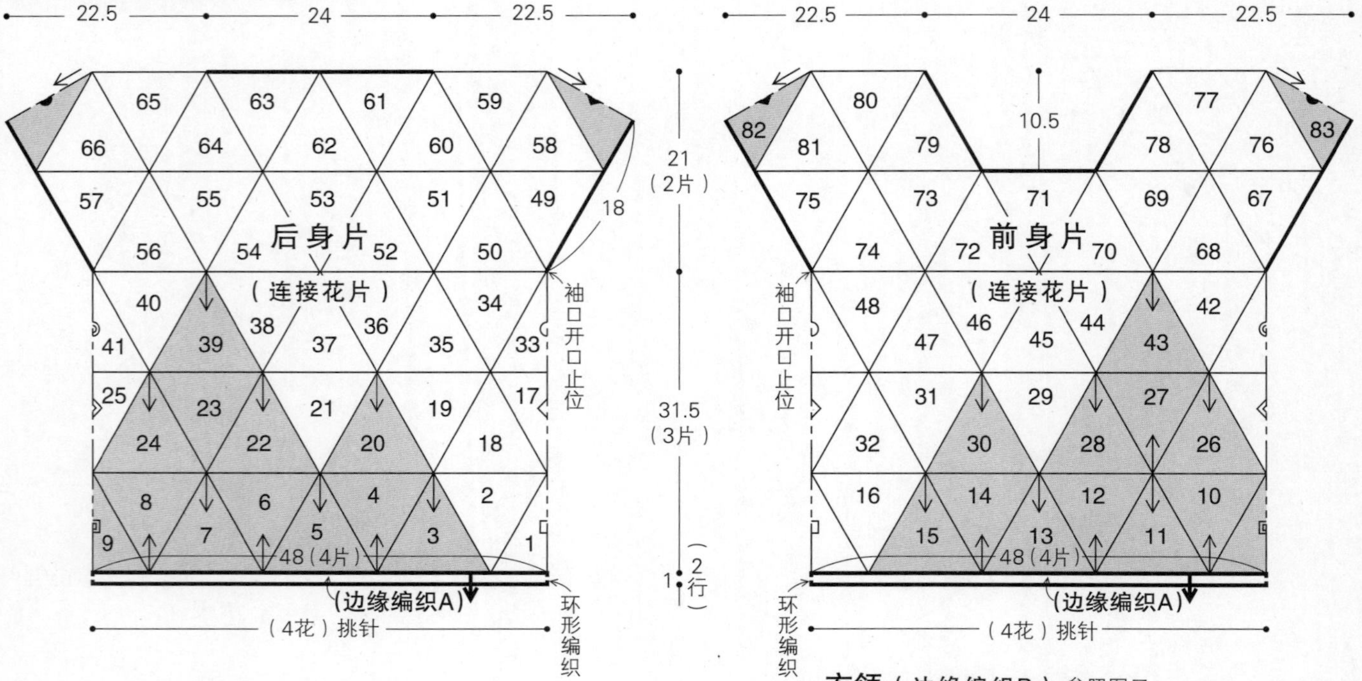

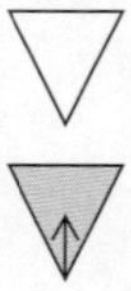

※ 全部使用3/0号针钩织

※ 相同标记表示同一个花片

※ 花片中的数字表示编织顺序

※ 花 = 个花样

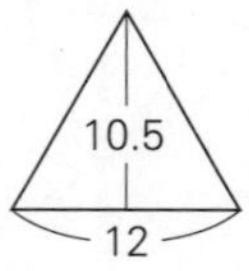

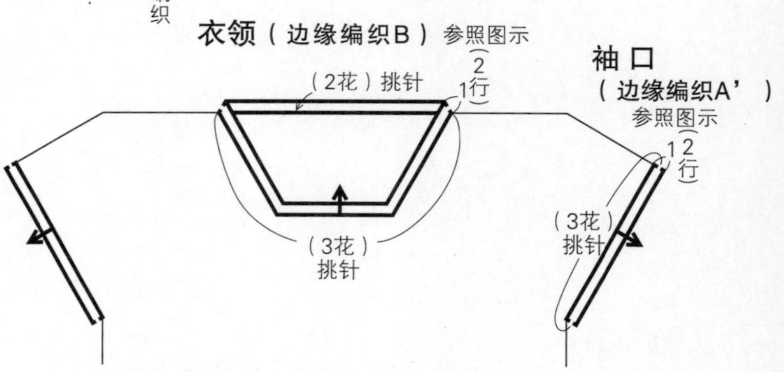

●袖口的边缘编织 A' 见 p.82

边缘编织 A（下摆）

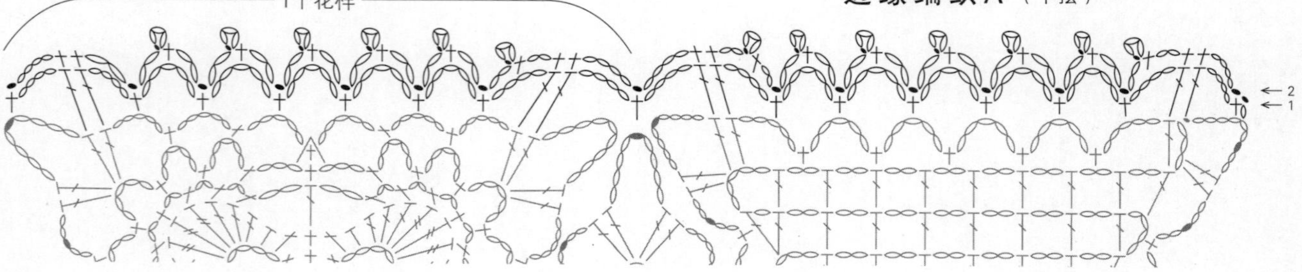

花片的连接方法

※花片中的数字表示编织顺序

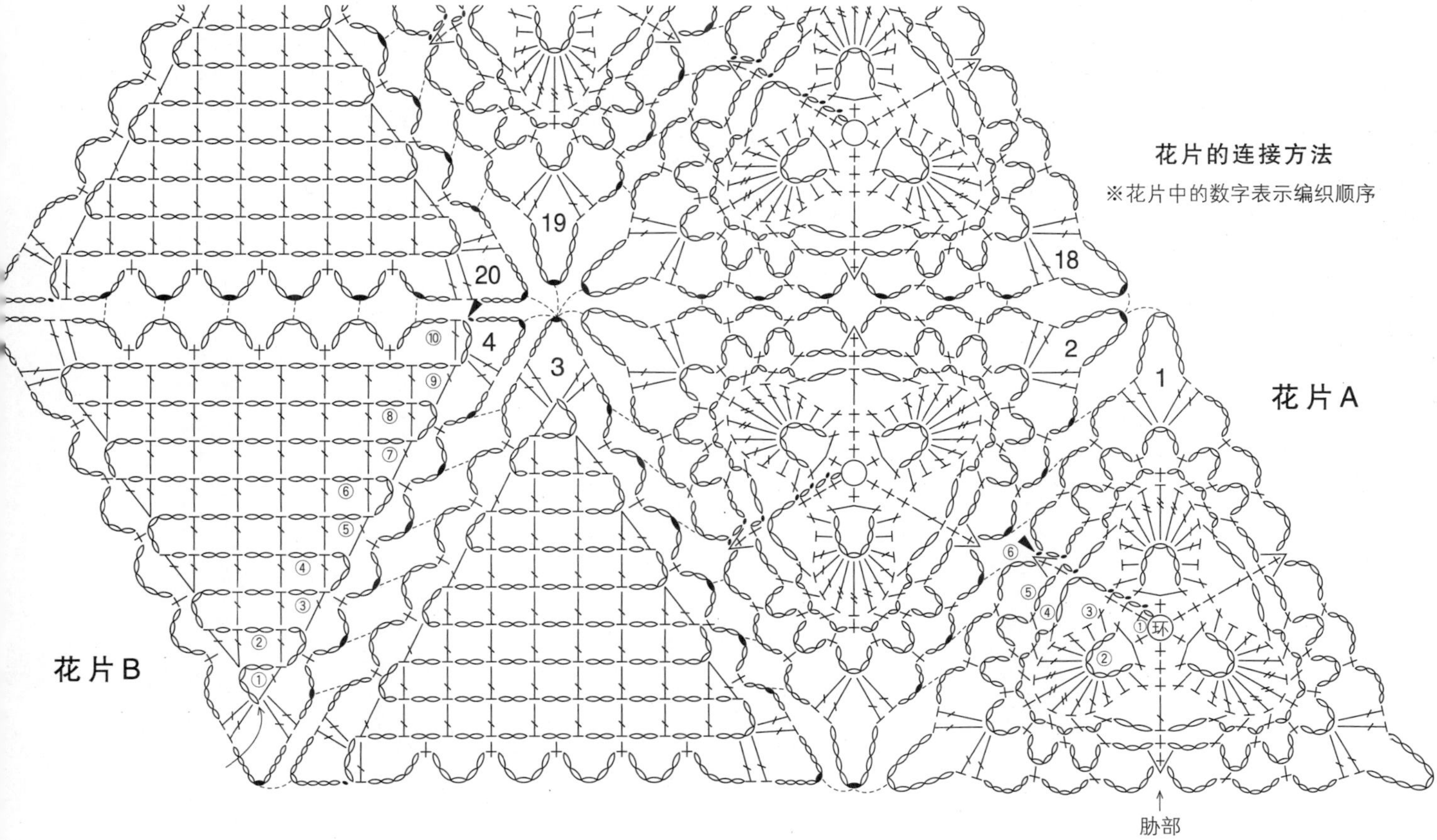

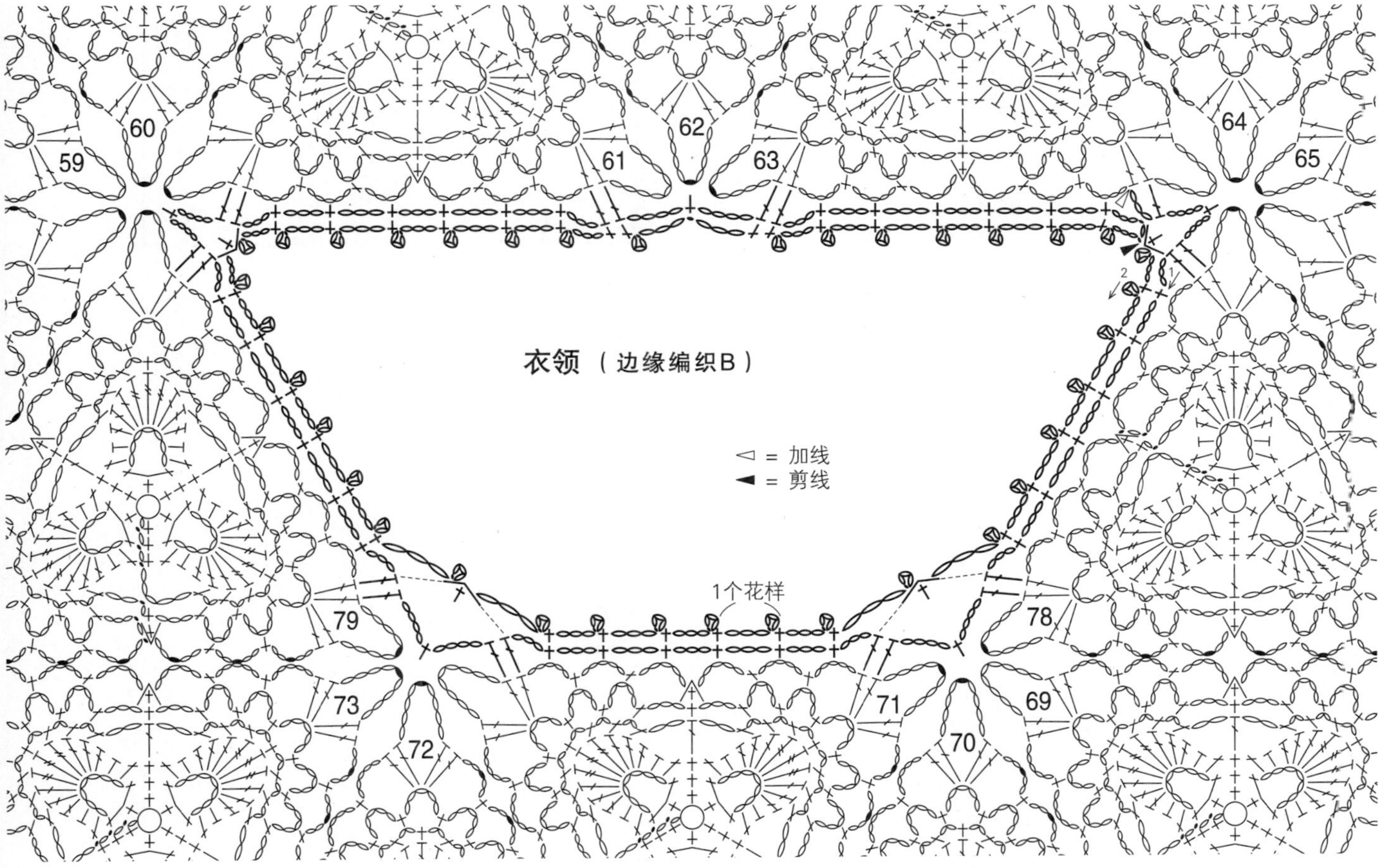

4

p.6

●**材料**　Ski Mirinae（粗）多彩米色（1621）290g/10 团

●**工具**　棒针 6 号、5 号

●**成品尺寸**　胸围 94cm，衣长 63.5cm，连肩袖长 21cm

●**编织密度**　10cm×10cm 面积内：下针编织 22 针，28 行；编织花样 A 23 针，37 行；编织花样 C 23.5 针，30 行

●**编织要点**　身片下摆手指挂线起针，编织起伏针，然后做编织花样 A。按照图示减针，编织 4 行编织花样 B。保持此针数接着做编织花样 C、B，然后平均减针做下针编织。袖窿、领窝减针时，2 针及以上时做伏针减针，1 针时立起侧边 1 针减针。斜肩做引返编织，将前后肩部正面相对对齐，做引拔接合。衣领环形编织，袖口往返编织起伏针，最后做伏针收针。胁部使用毛线缝针做挑针缝合。

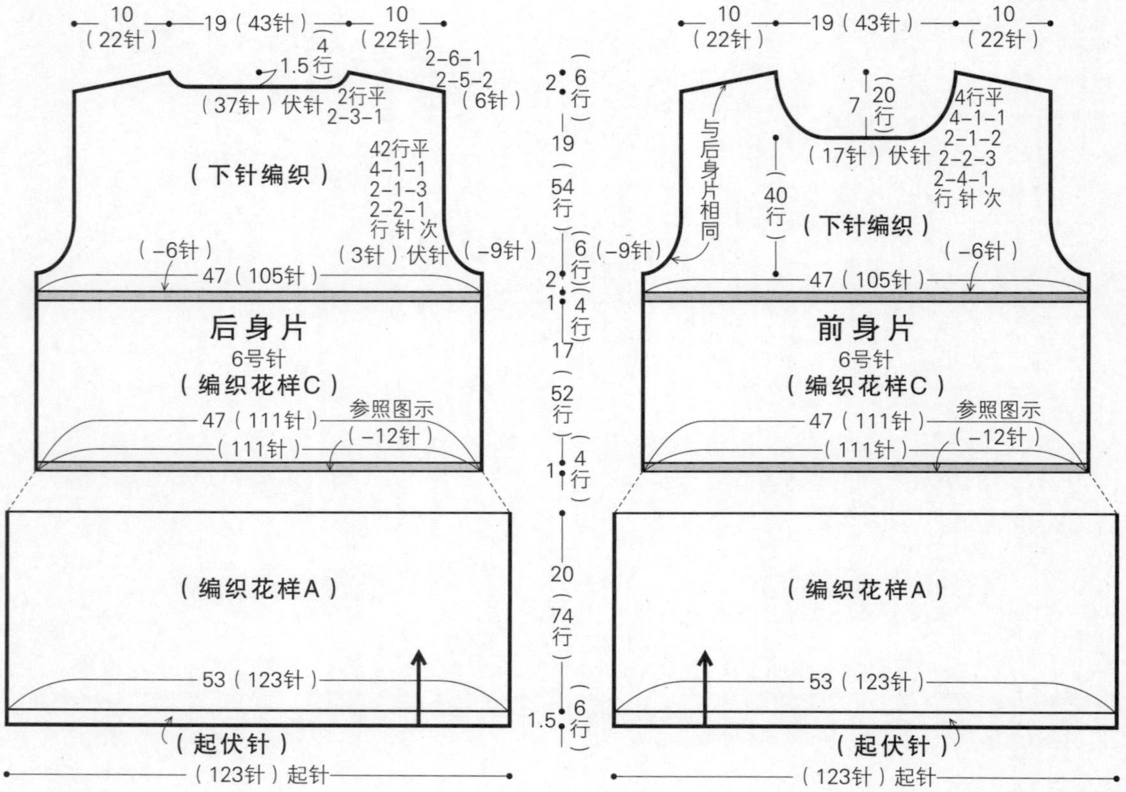

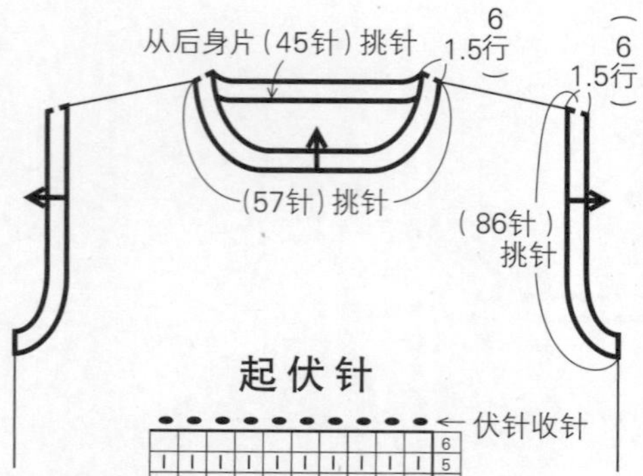

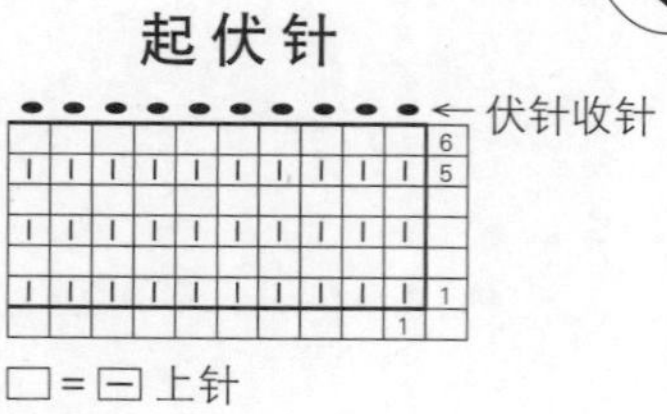

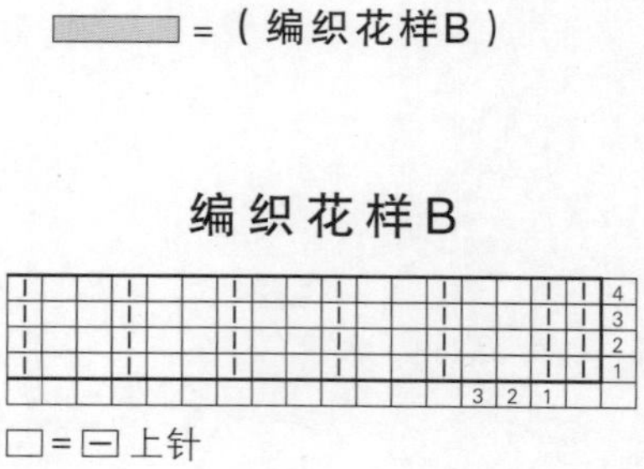

编织花样

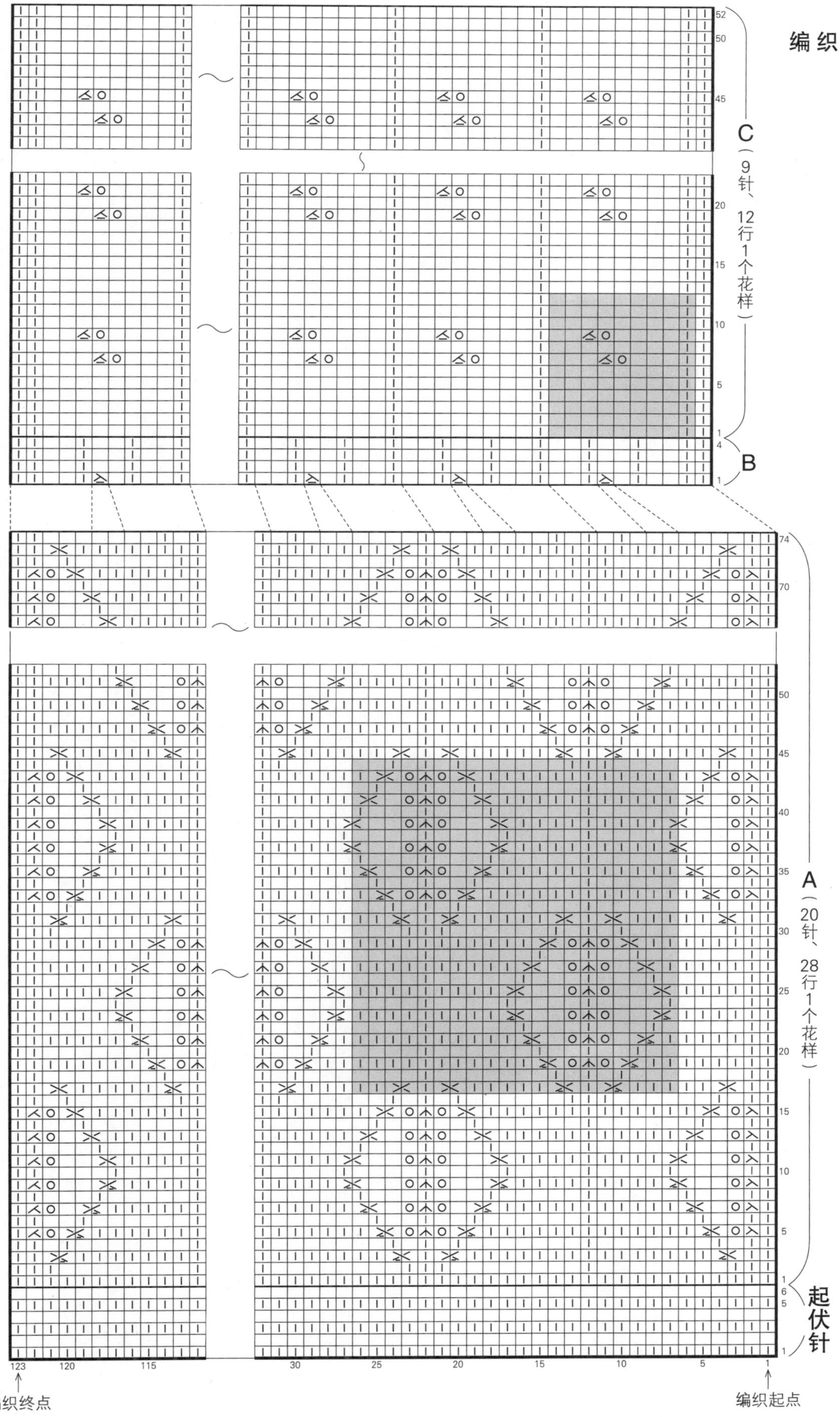

□=⊟ 上针

▨ = 1个花样

5

p.7

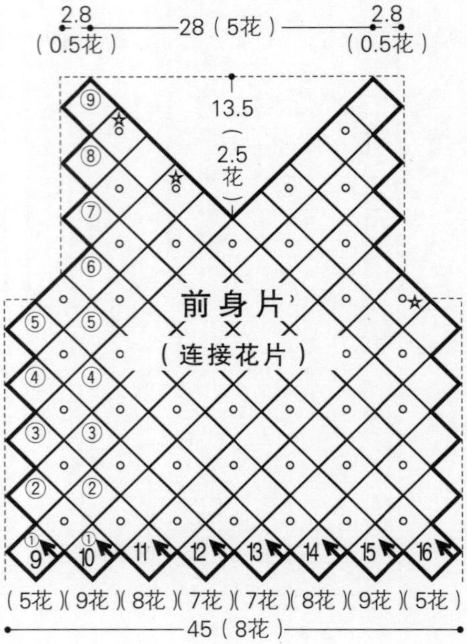

※ 全部使用5/0号针钩织
※ 花 = 个花样
o = 十字形花样
※ ★处的4片十字形花样
加线单独编织

●材料 Ski Vega(粗)绿色渐变色(1119)130g/6 团

●工具 钩针 5/0 号

●成品尺寸 胸围90cm，肩宽34.6cm，衣长 50cm

●花片大小 5.6cm×5.6cm 的四边形

●编织要点 参照图示将花片连接在一起钩织，从下摆向肩部钩织。第 1 列，锁针起针 12 针，然后钩织 4 行方眼编织，在斜上方继续钩织花片。第 2 列开始，第 1 行钩织出十字形花片，用短针和前列以及前面的花片连接起来。前后身片各钩织 8 列，★连接的 4 个花片不再继续钩织，加入新线钩织。在后身片 7- ⑨的上角加线，领口按照图示编织边缘。胁部钩织锁针和长长针的 4 针并 1 针接合，袖口做边缘编织。

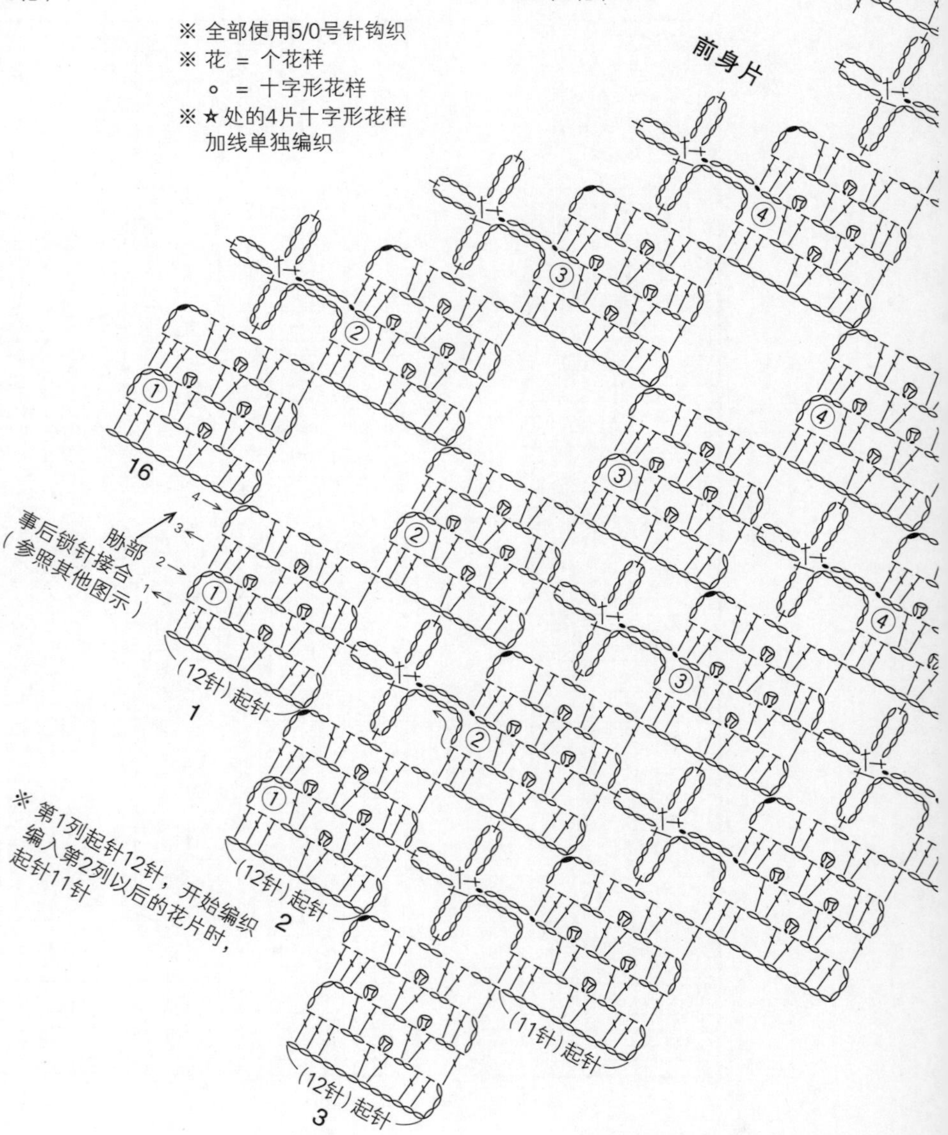

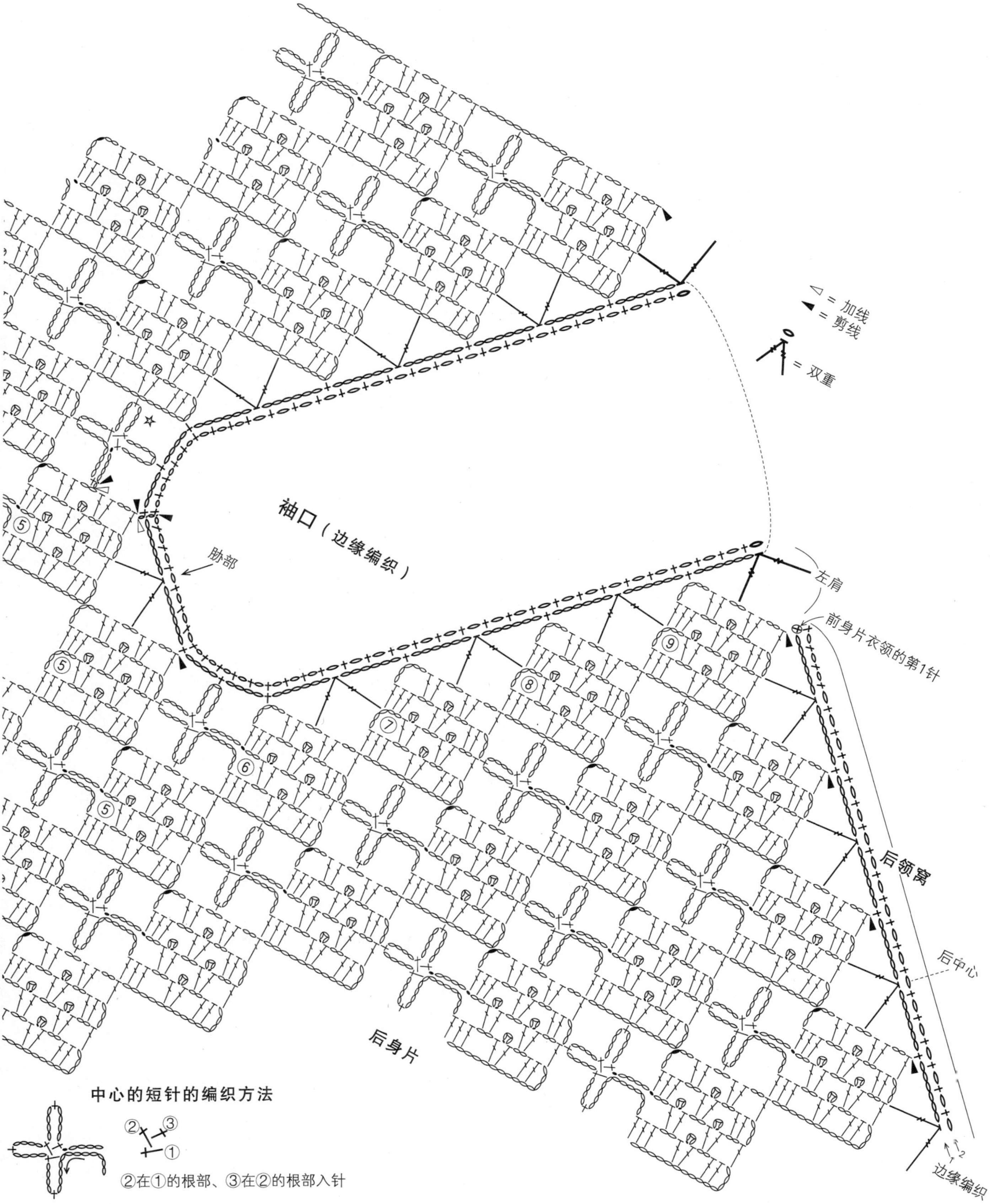

中心的短针的编织方法

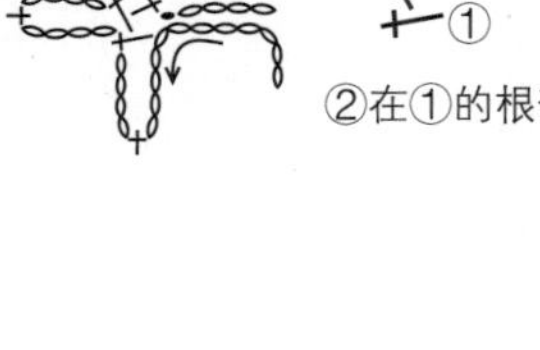

②在①的根部、③在②的根部入针

胁部接合

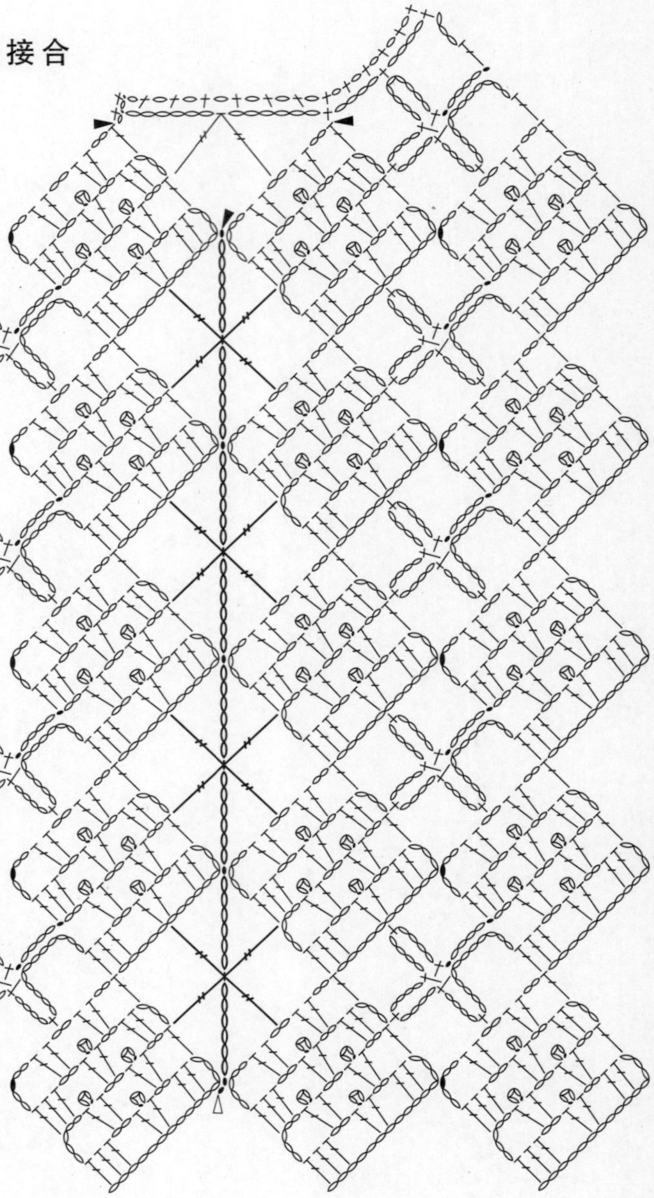

领口、袖口（边缘编织）参照图示

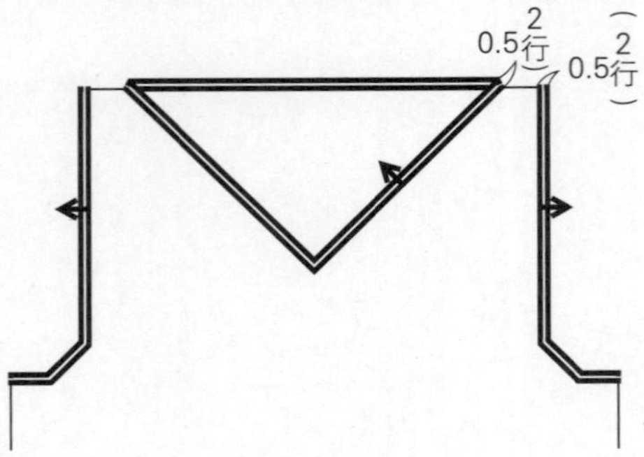

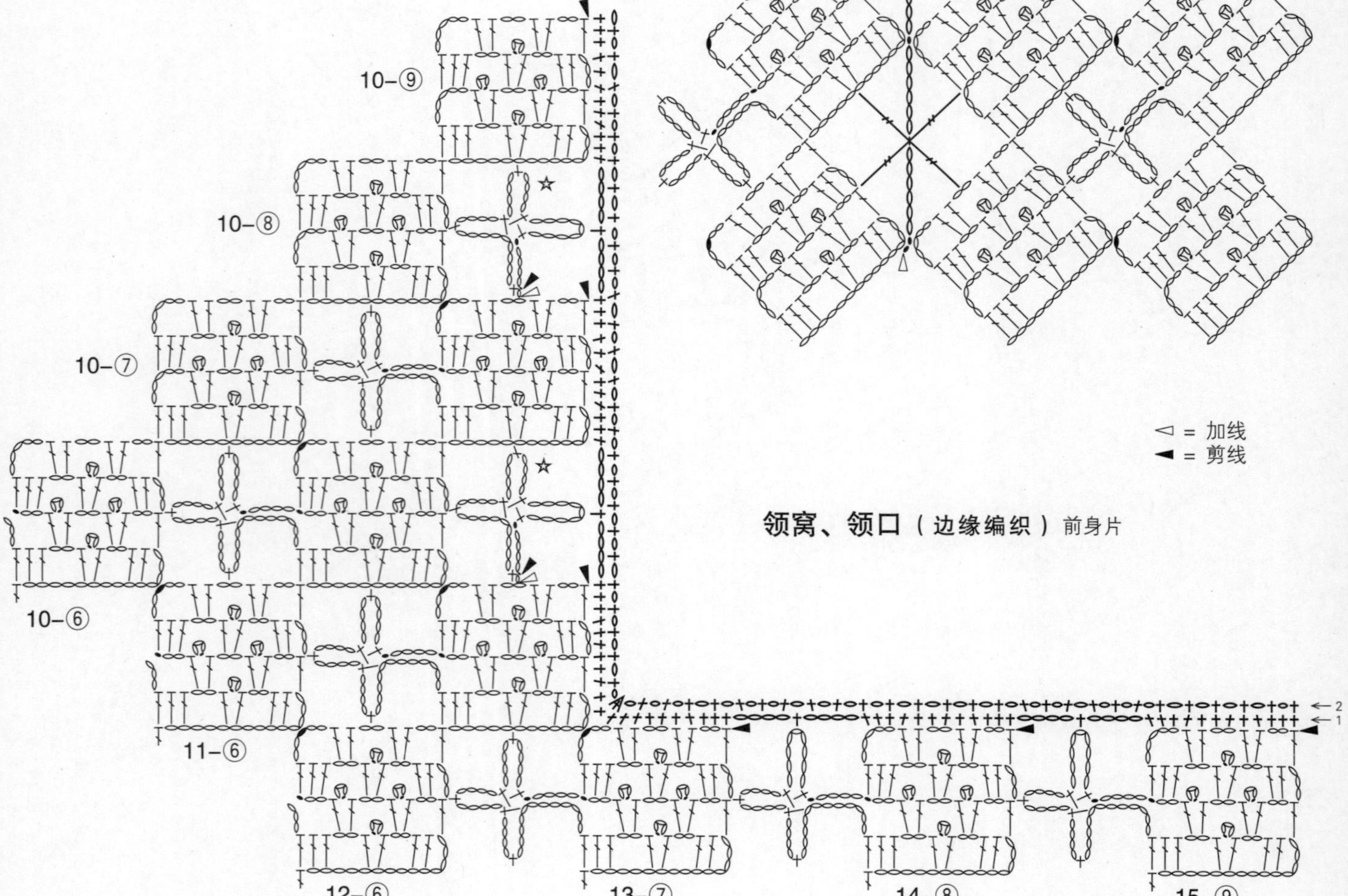

◁ = 加线
◀ = 剪线

领窝、领口（边缘编织）前身片

6

p.9

●**材料**　Ski Harugasumi（中细）栗色（1314）290g/10 团

●**工具**　钩针 5/0 号

●**成品尺寸**　衣长 63cm，连肩袖长 47cm

●**编织密度**　编织花样 A、B 均为 10cm 27 行 ×A 10 行 10cm，B 6 行 7cm

●**编织要点**　后身片锁针起针，重复做编织花样 A 和编织花样 B，按照图 1、图 2，在两肋编织加针。斜肩参照图 3、图 4 钩织。后肩挑针，左右前身片重复做编织花样 A 和编织花样 B，不加减针。肋部钩织引拔针和锁针缝合至袖口开口止位，前后身片下摆连在一起做边缘编织。前门襟、衣领连在一起往返做边缘编织，袖口环形编织。用长针编织 2 根细绳，缝在指定位置。

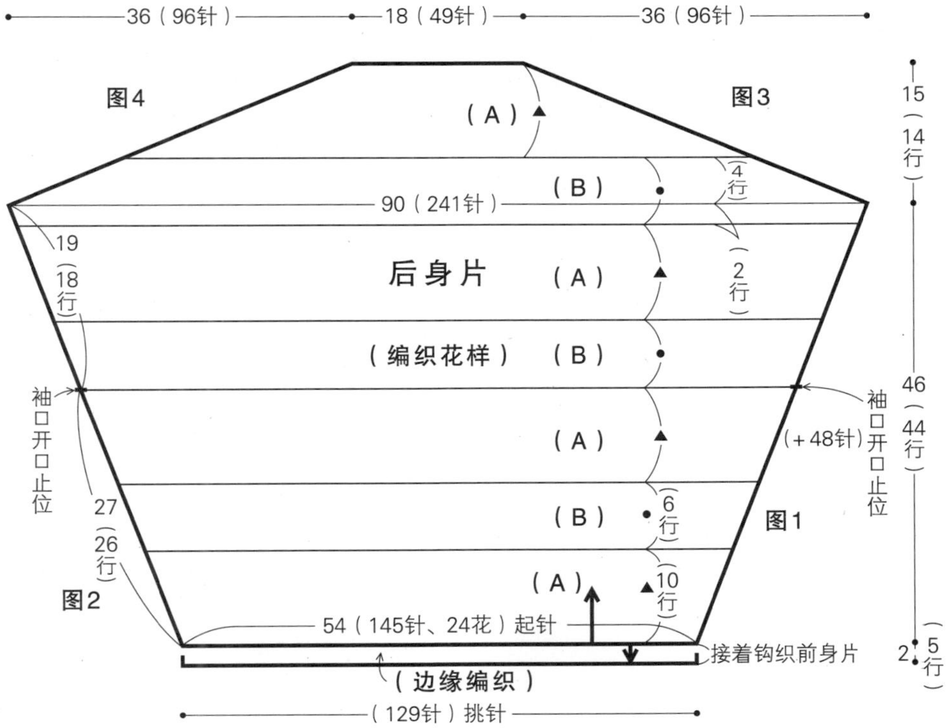

※ 全部使用5/0号针钩织

※ 花=个花样

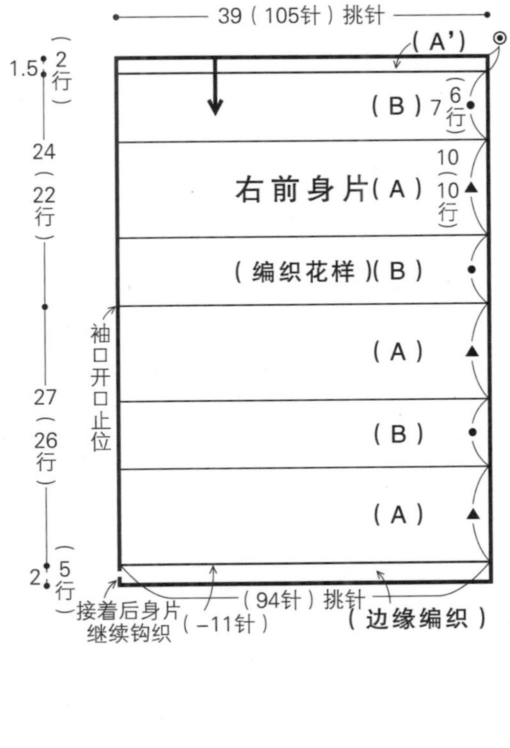

编织花样

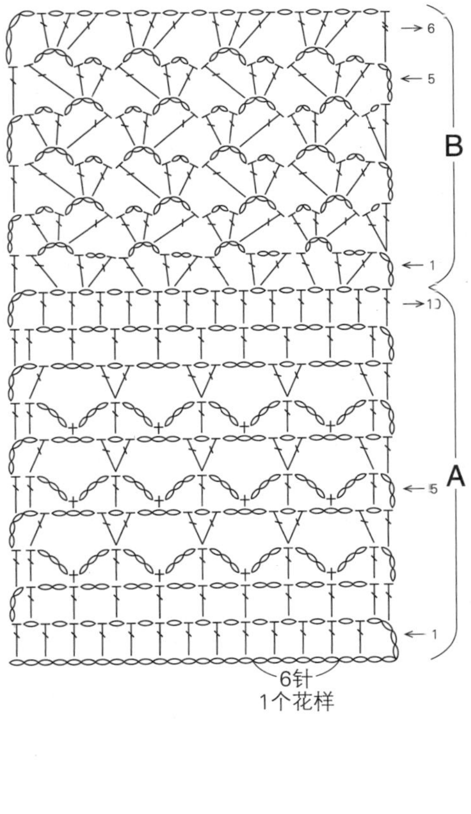

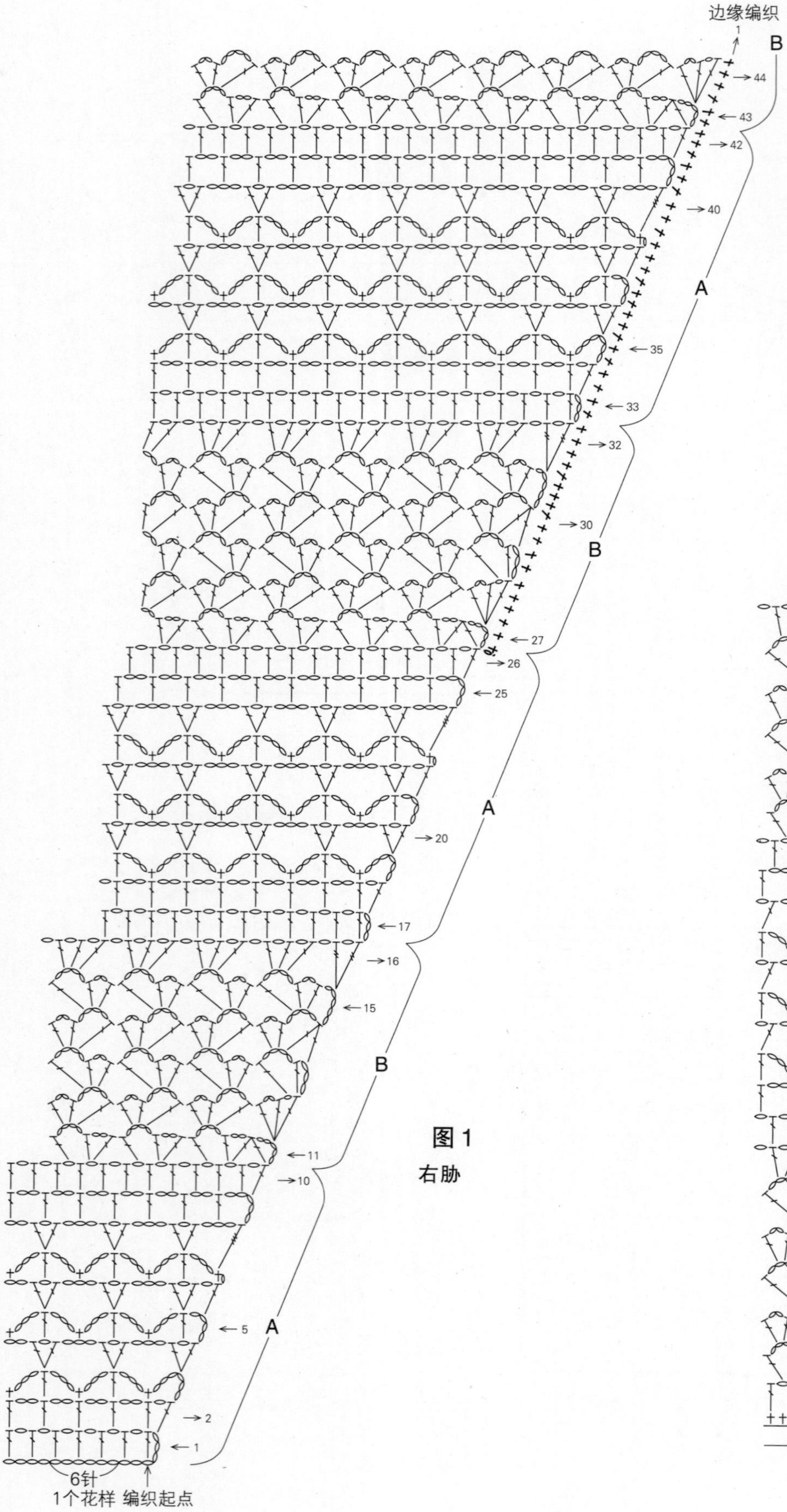
边缘编织
B
A
B
A
B
A
44
43
42
40
35
33
32
30
27
26
25
20
17
16
15
11
10
5
2
1
6针
1个花样 编织起点

图 1
右胁

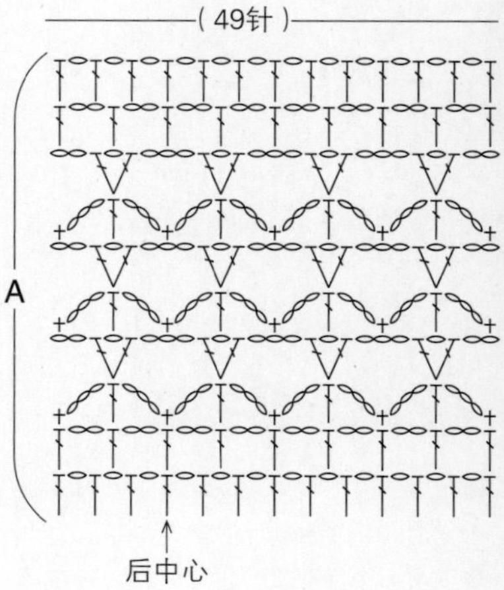
(49针)
A
后中心

前身片

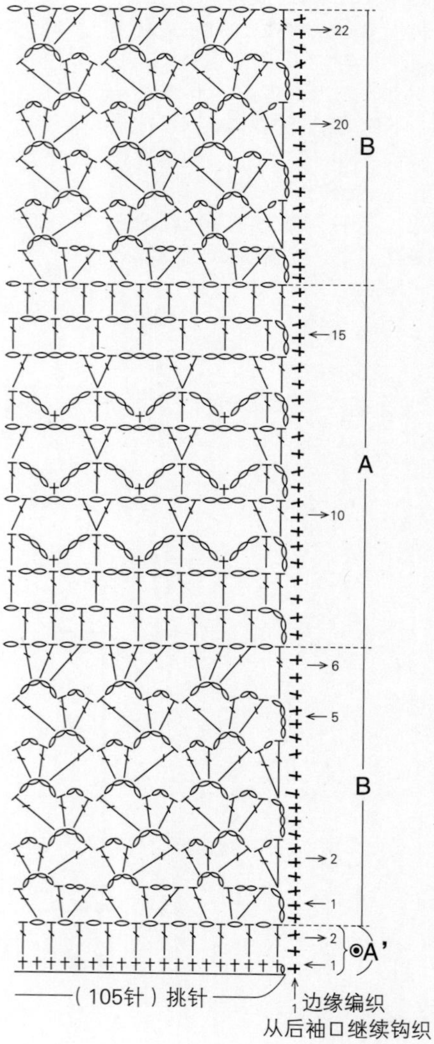
22
20
15
10
6
5
2
1
B
A
B
A'
(105针) 挑针
边缘编织
从后袖口继续钩织

图3

斜肩

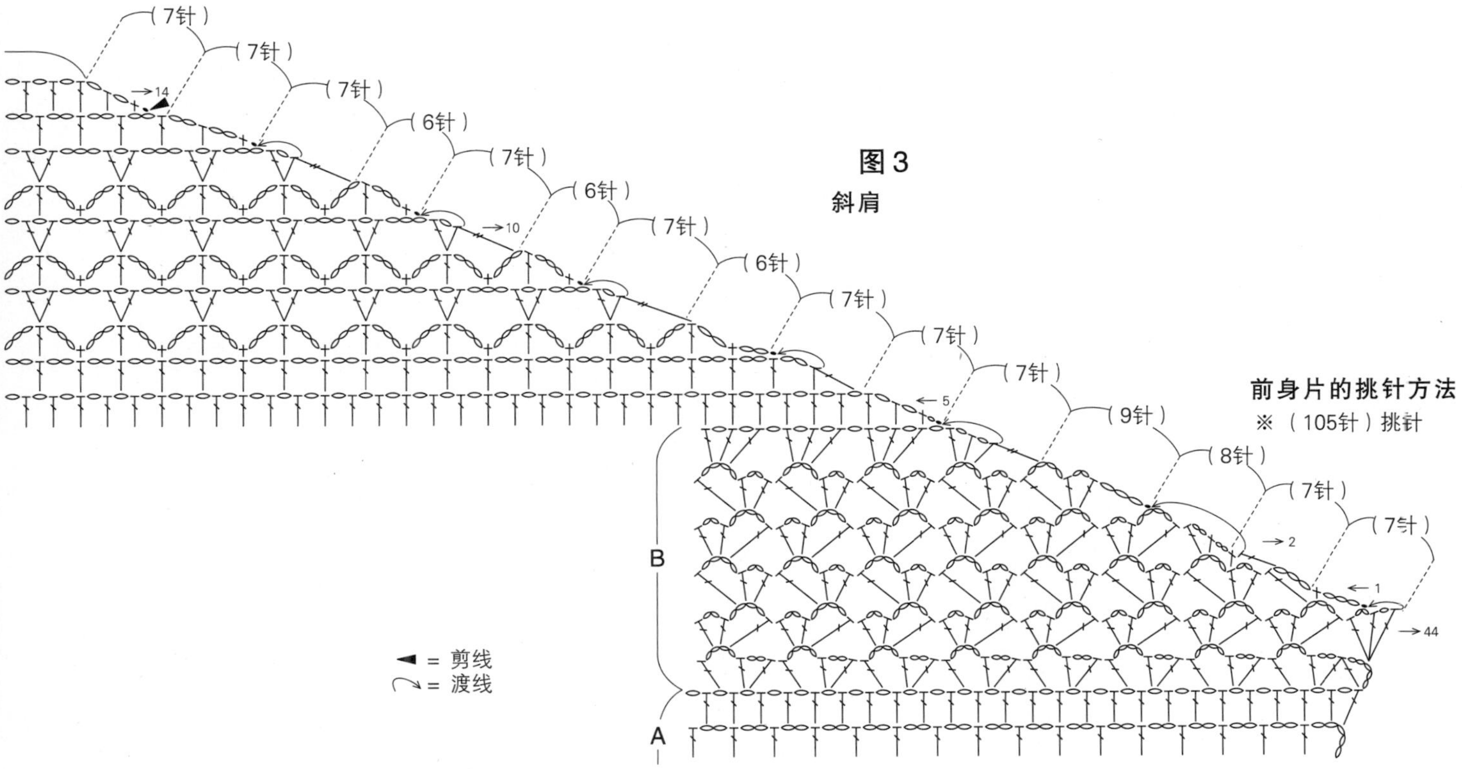

前身片的挑针方法

※（105针）挑针

细绳（长针）2根

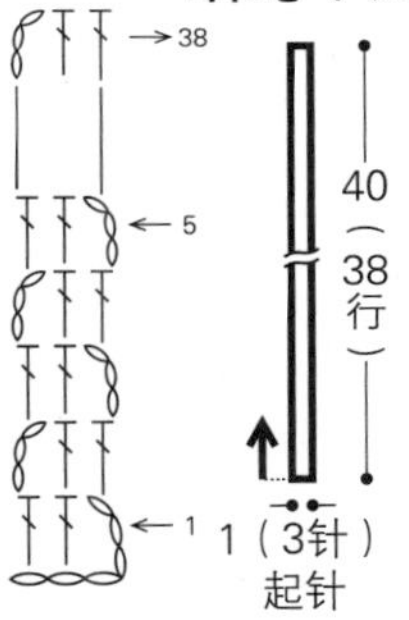

边缘编织（下摆、衣领、前门襟）

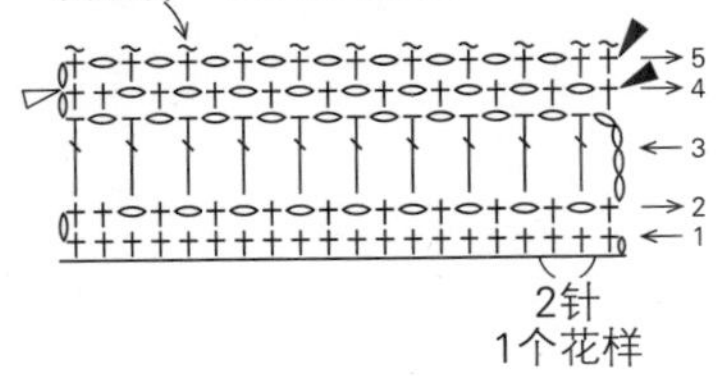

◁ = 加线

◄ = 剪线

边缘编织（袖口）

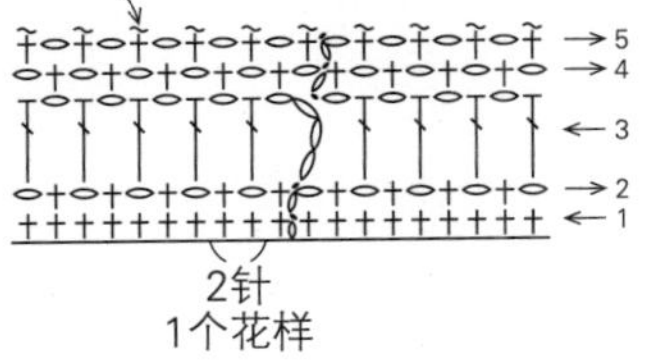

前门襟、衣领、袖口（边缘编织）

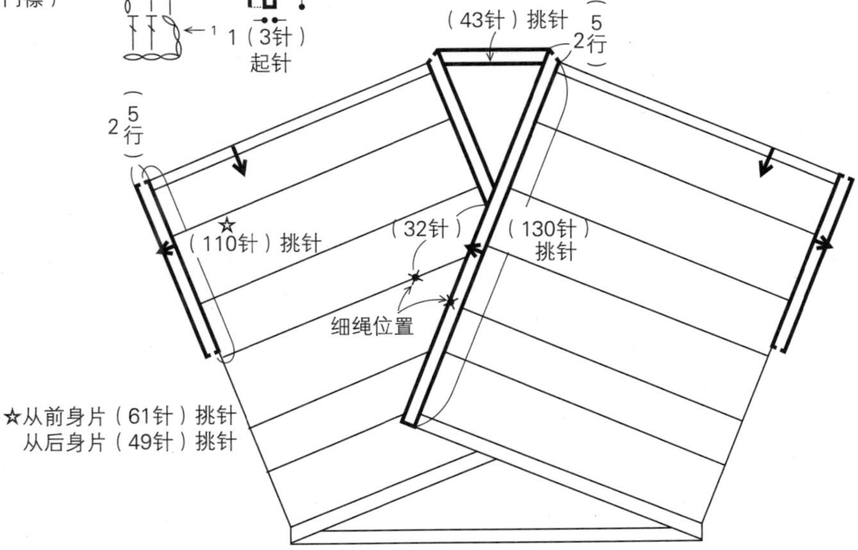

图4

↷ = 渡线

斜肩

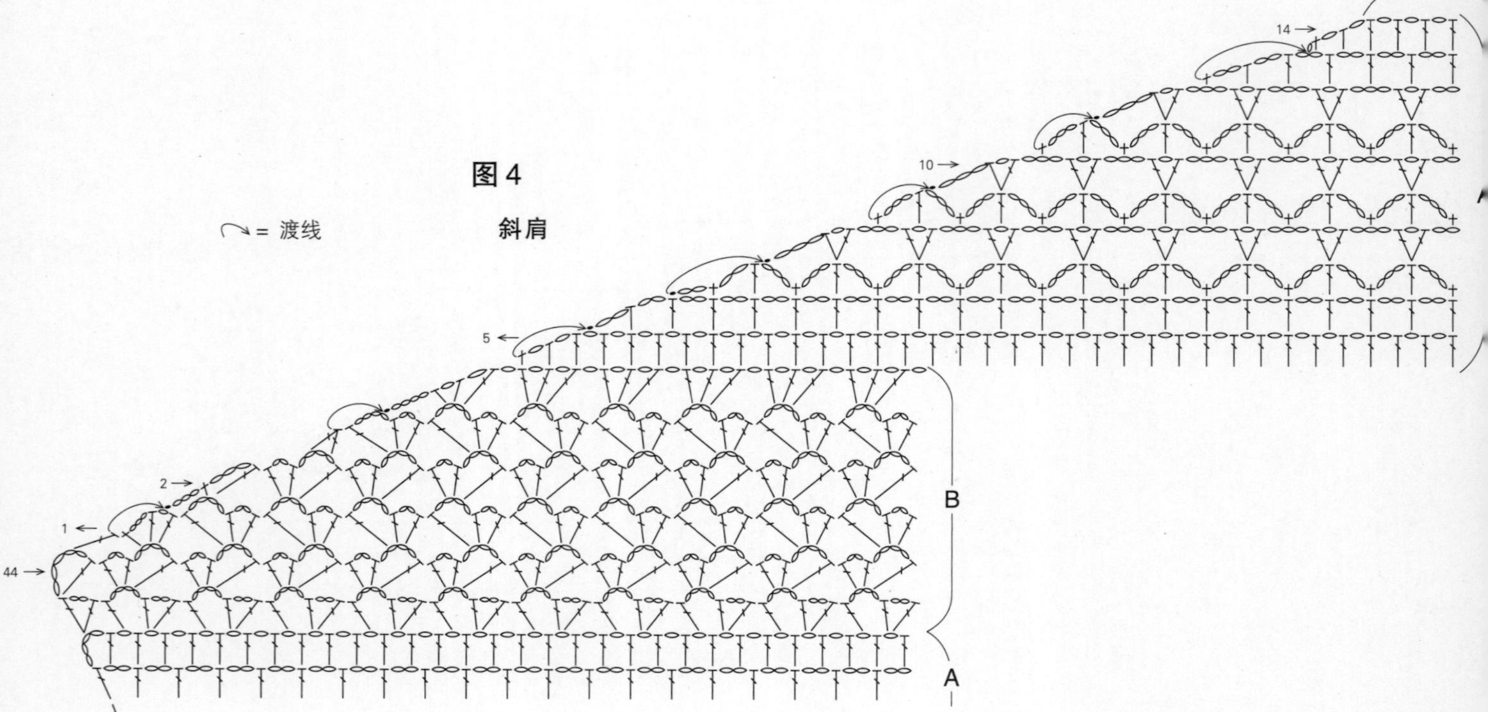

图2

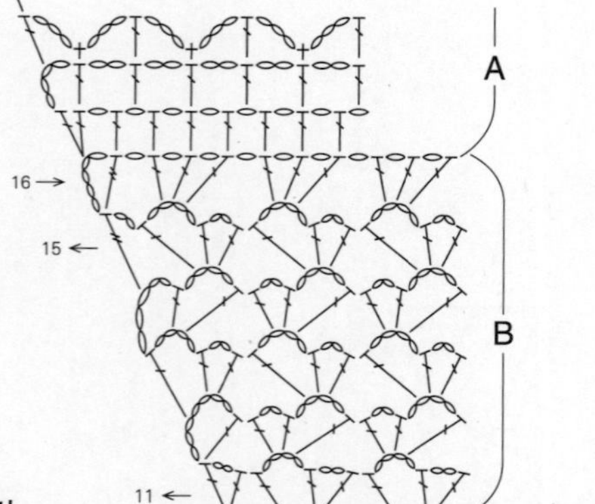

左胁

※ 重复A、B的加针

渡线继续钩织

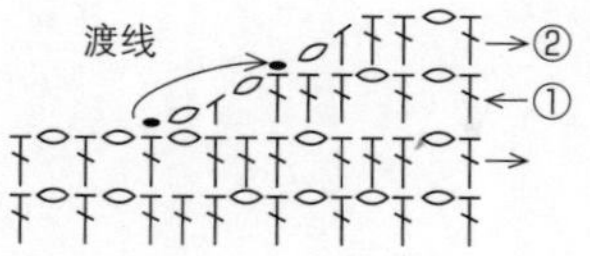

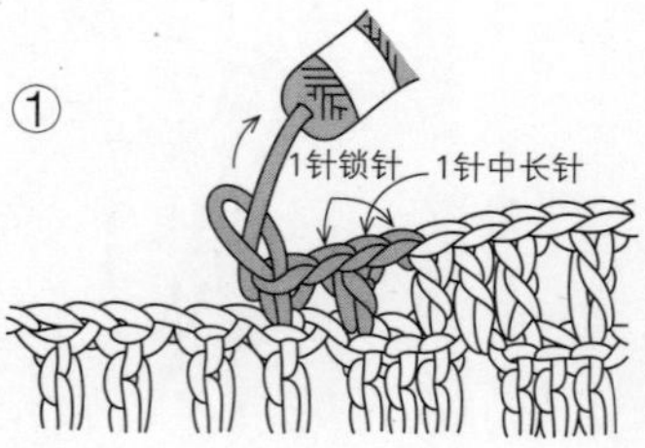

将钩针上的线圈拉大，将线团从里面拿出来，将针目拉紧。

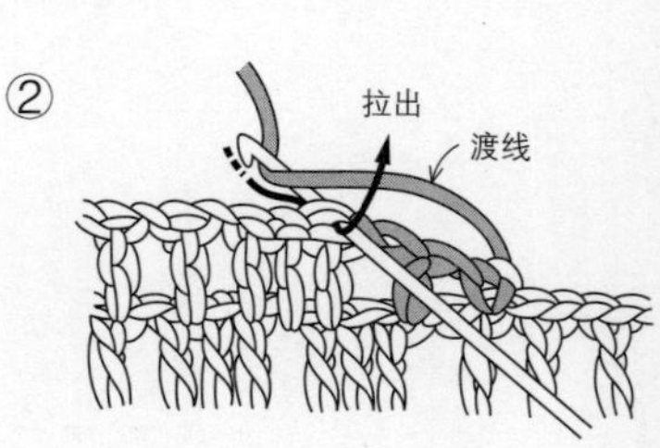

将织片转到前面，将线从指定位置拉出，继续钩织。

20

p.24

●**材料**　Ski Cagall（中细）棕色系（1910）85g/3 团
●**工具**　钩针 6/0 号
●**成品尺寸**　宽 21cm，长 133cm
●**编织密度**　1 个花样 10cm × 12.75cm
●**编织要点**　花片锁针起针 9 针，连接成环形，第 1 行立织 4 针锁针，将 19 针长长针钩织在环上，然后按照图示往返编织 3 行，钩织半圆形花片。左右交错着编织 30 片花片，然后再编织 1 条同样的织片。按照图示将 2 条织片错开排列，在中间钩织 14 片花片 A，完成披肩。

披肩

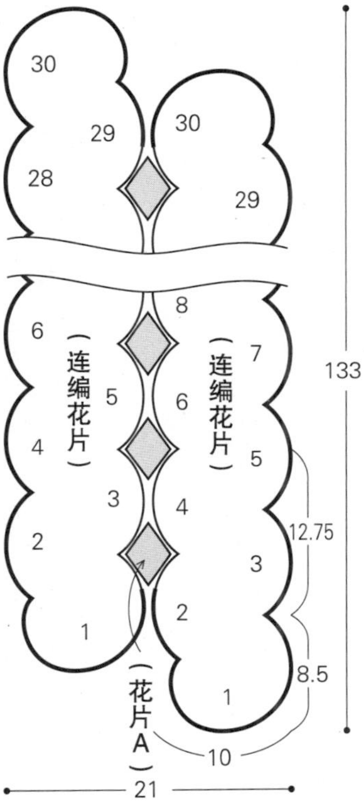

※ 图内的数字表示连编花片的编织顺序
※ 全部使用6/0号针钩织

连编花片

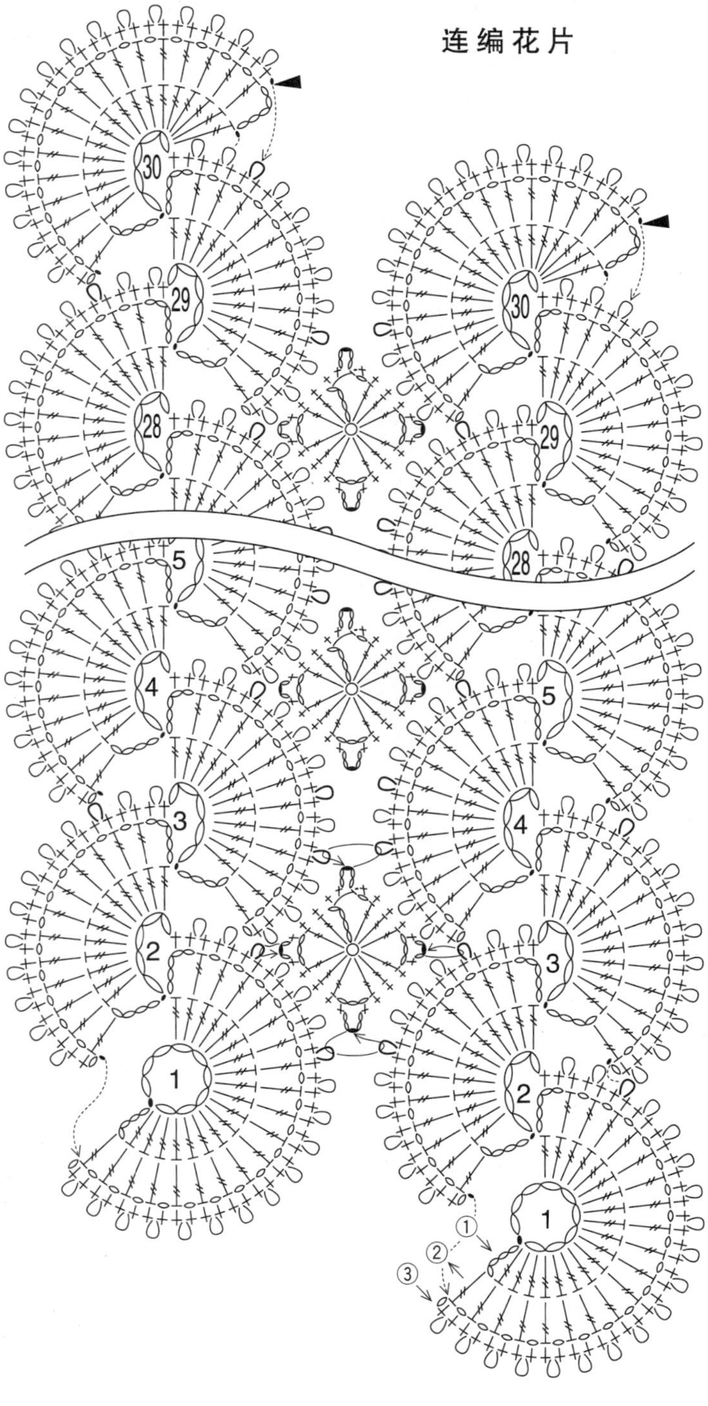

花片A 14片

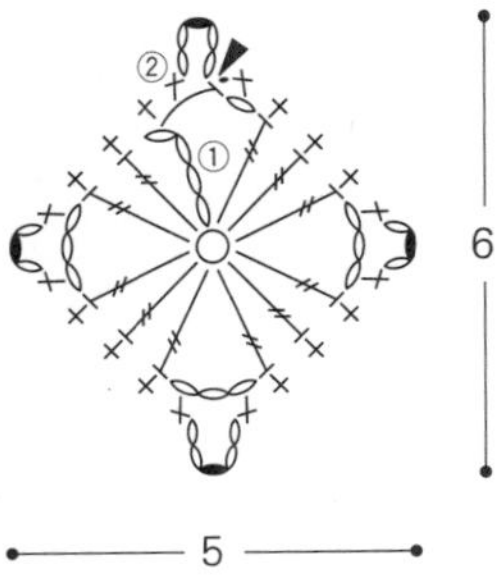

◄ = 剪线

7
8

p.10、p.11

●材料 7：Ski Meilong（粗）暗红色（1526）180g/6 团，Ski Supima Cotton（粗）乳白色（5002）70g/3 团；8：Ski Vega（粗）闪光色（1105）170g/7 团，Ski Supima Cotton 白色（5001）70g/3 团

（以下 7、8 通用）

●工具 钩针 5/0 号

●饰带上花朵的大小 长 7cm，宽 5cm

●编织要点 将花朵连在一起，编织长长的饰带。饰带 A 是带子的内芯，按照花朵的片数往返编织。钩织 2~4 行，包住饰带 A，完成饰带 B。从第 2 条饰带开始，在第 4 行和相邻饰带在狗牙针处连接，前后身片连在一起编织。衣领开口部分分别钩织 3 条前后饰带。第 10 条饰带和第 1 条饰带在胁部分别连接成环形。衣袖钩织 6 片，然后做边缘编织 C，在袖下连接成环形。下摆做边缘编织 A，衣领用指定颜色做边缘编织 B。

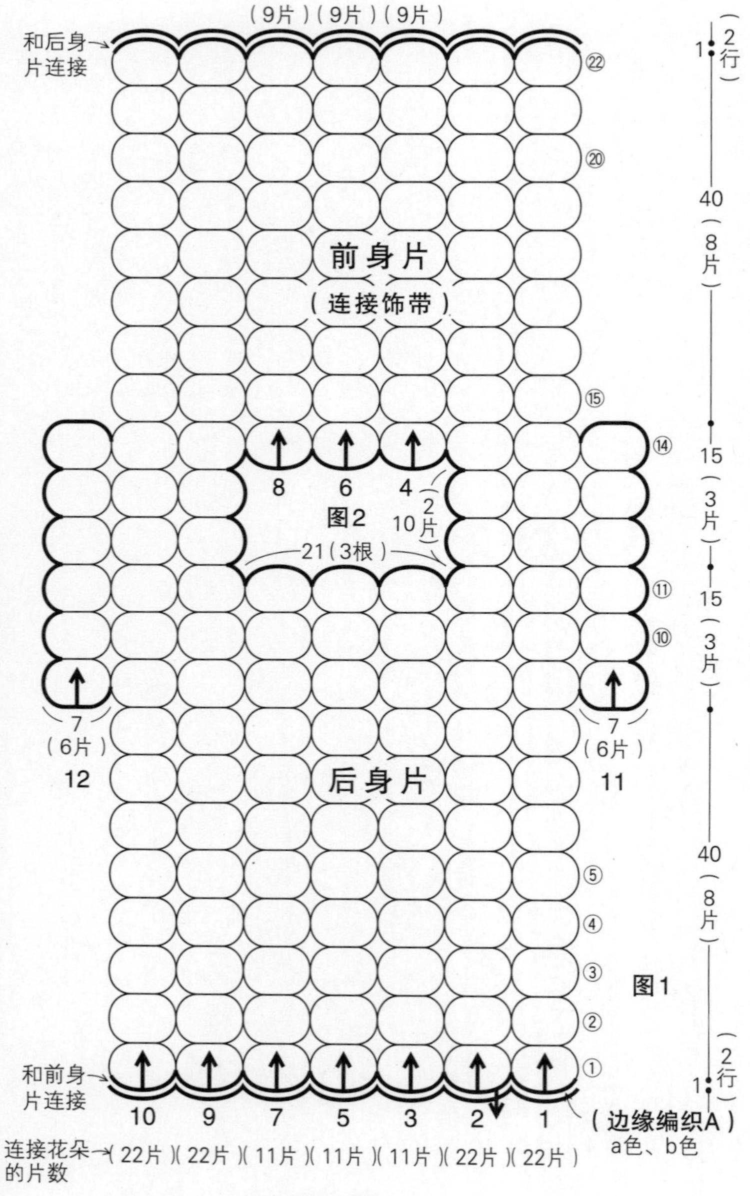

※ 全部使用5/0号针钩织

饰带B b色

饰带A a色

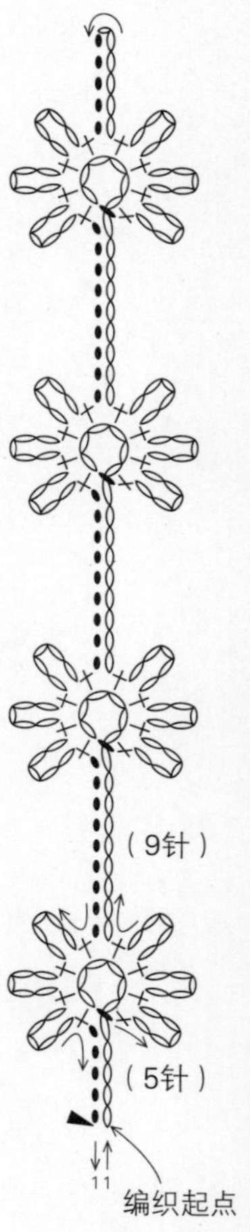

◁ = 加线
◀ = 剪线

饰带花朵的片数

11、12	6片
4、6、8	9片
3、5、7	11片
1、2、9、10	22片

配色

a色 = Supima Cotton

b色 = 7 Meilong
8 Vega

图3

衣领（边缘编织B）a色、b色

袖口（边缘编织C）b色

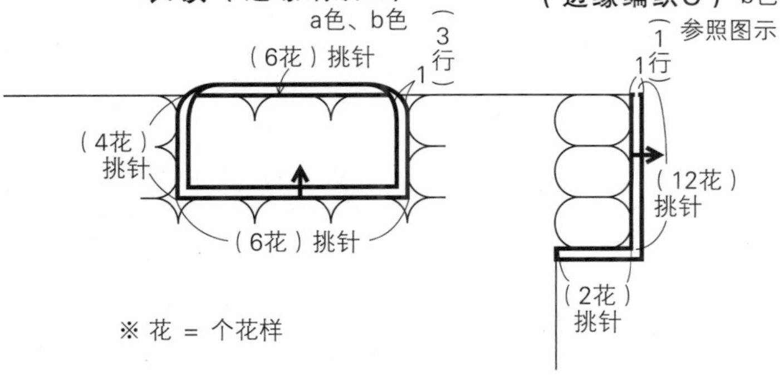

※ 花 = 个花样

图1

饰带的连接方法

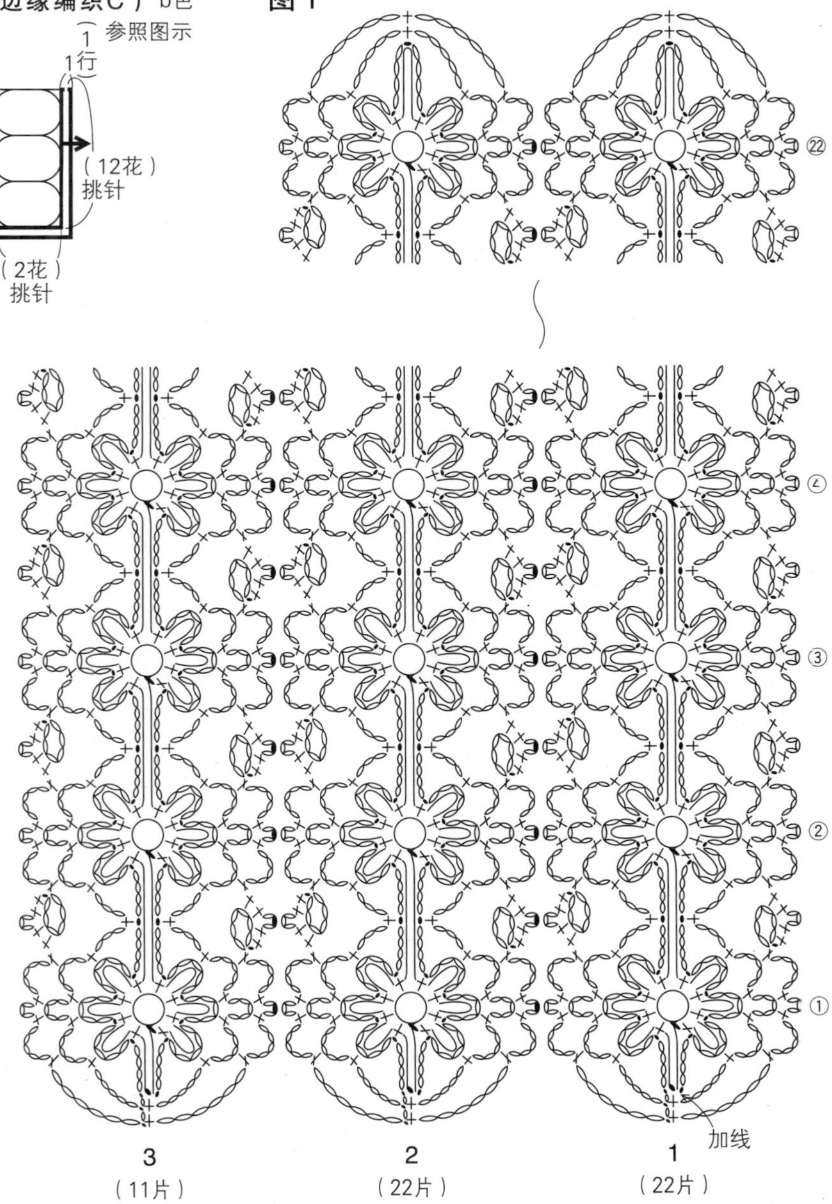

边缘编织A（下摆）

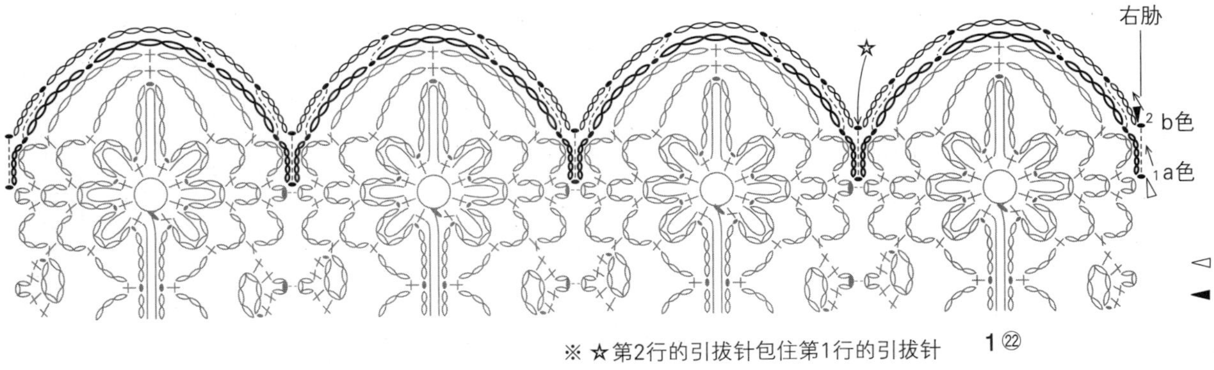

◁ = 加线

◀ = 剪线

※ ☆第2行的引拔针包住第1行的引拔针

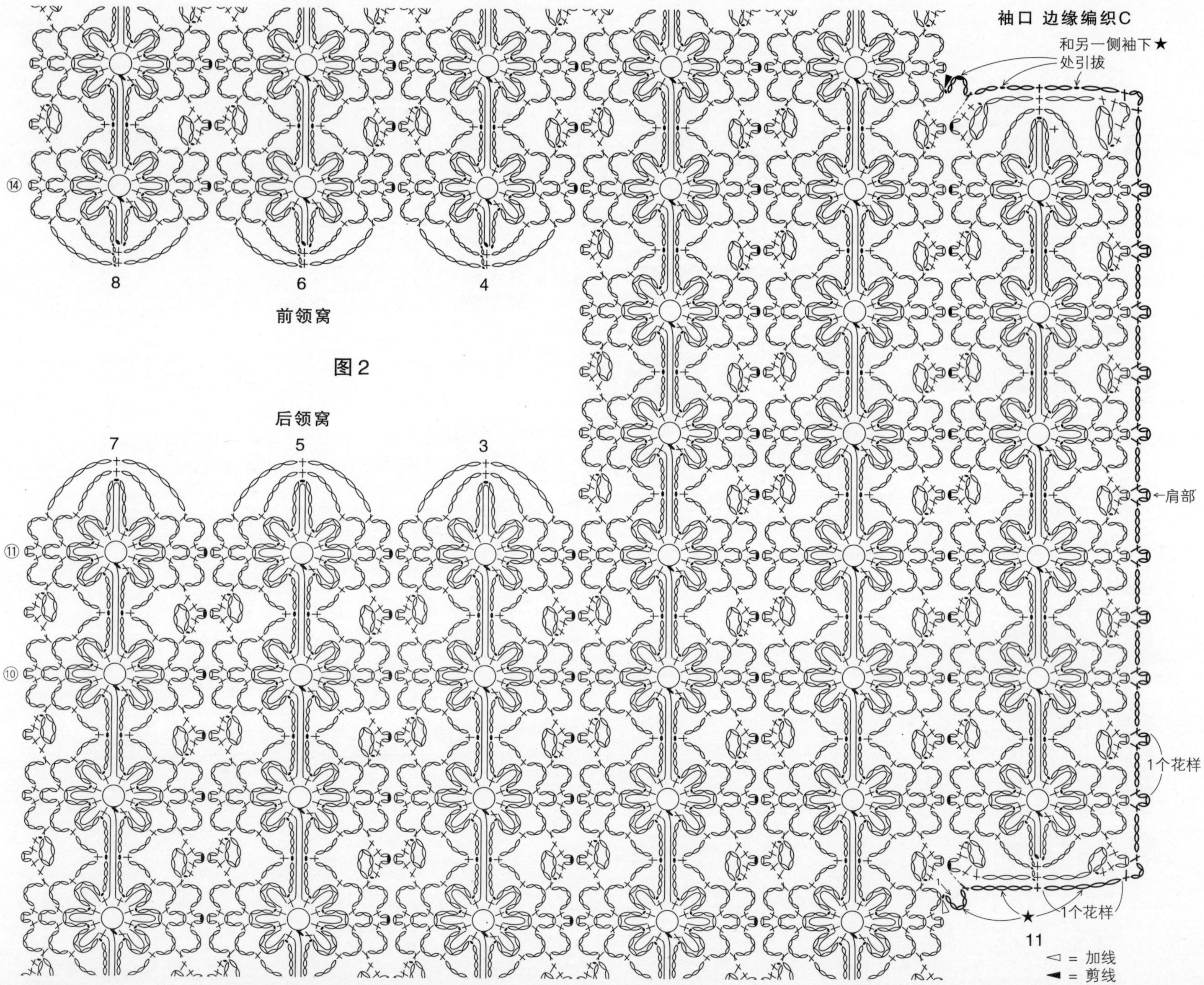

图2

图3
衣领（边缘编织B）
3
2
1
b色
a色
1个花样
前身片
后身片
3
2
1
◁ = 加线
◀ = 剪线

9

p.13

●材料 Ski Supima Cotton（粗）紫灰色（5015）340g/12 团

●工具 钩针 4/0 号、3/0 号

●成品尺寸 胸围 95cm，肩宽 35.5cm，衣长 55cm，袖长 35.5cm

●编织密度 10cm×10cm 面积内：编织花样 A、B、C 共 27 针 ×A 12 行，B 10 行，C 13 行

●编织要点 锁针起针，挑起锁针的半针和里山，做编织花样 A、B、C。斜肩和领窝按照图 1、图 2 编织。衣袖起针方法和身片相同，做编织花样 A、B、C，按照图 3 在袖下加针。肩部钩织引拔针和锁针接合，开衩止位之上的肋部和袖下也钩织引拔针和锁针接合。开衩和下摆将前后身片连在一起钩织 1 行短针，袖口也做环形编织。衣领钩织 2 行短针，衣袖钩织引拔针和锁针接合于身片。

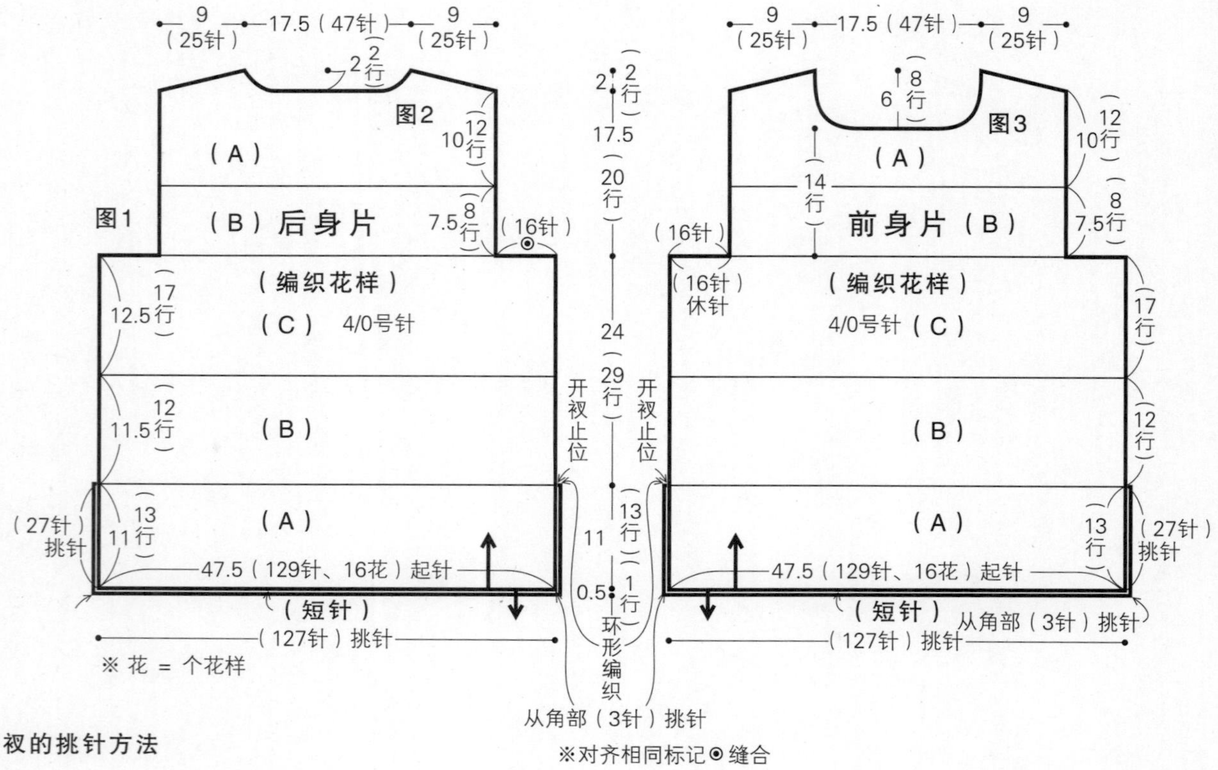

开衩的挑针方法

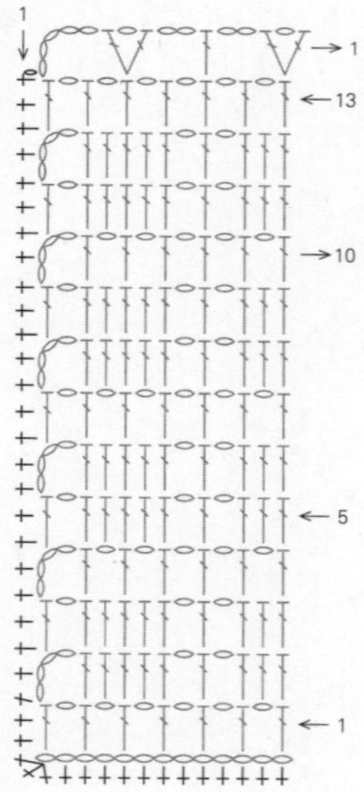

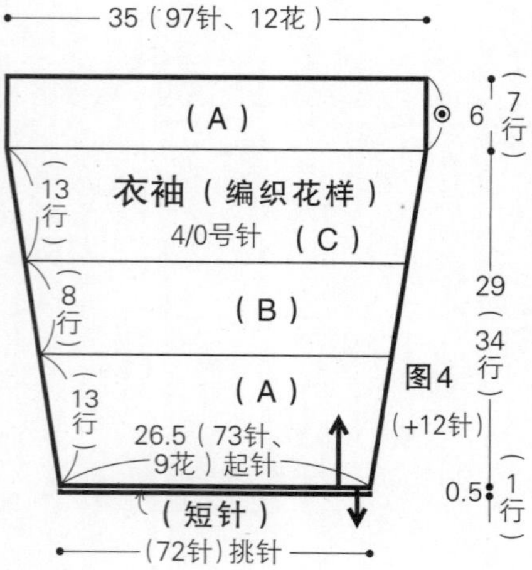

衣领（短针）3/0号针

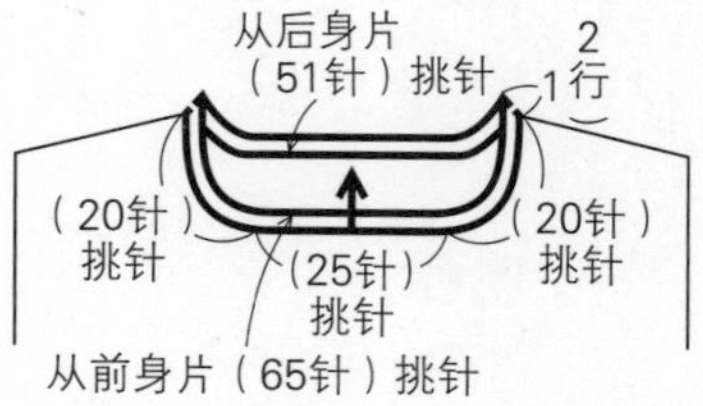

短针

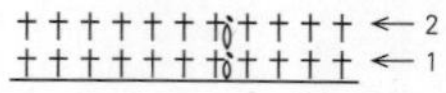

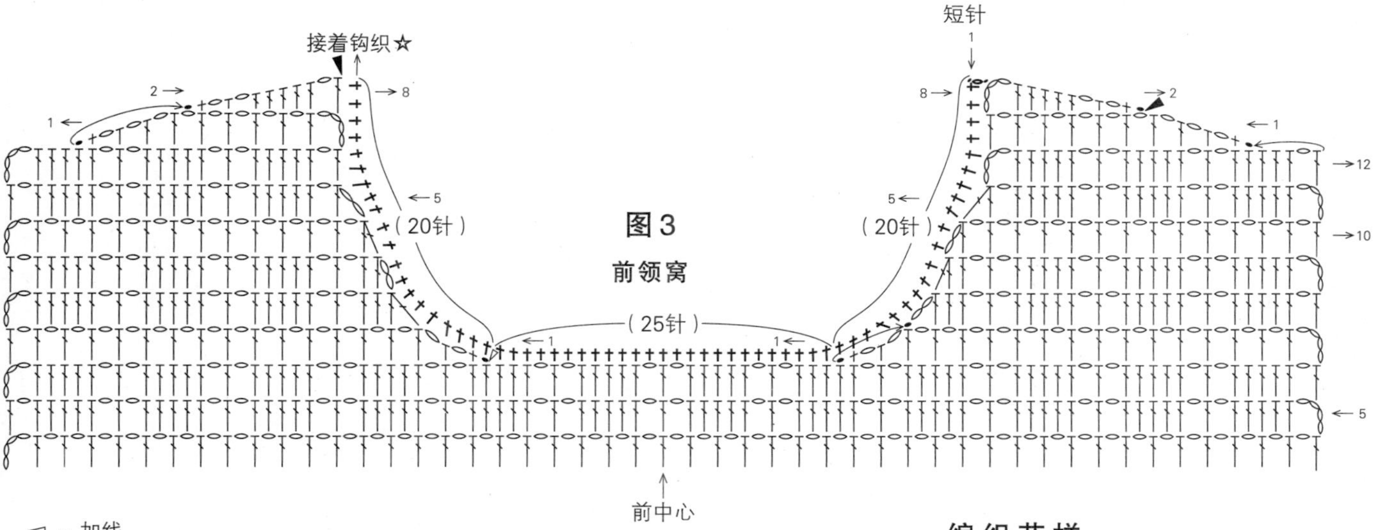

图3

前领窝

◁ = 加线
◀ = 剪线
⤳ = 渡线

编织花样

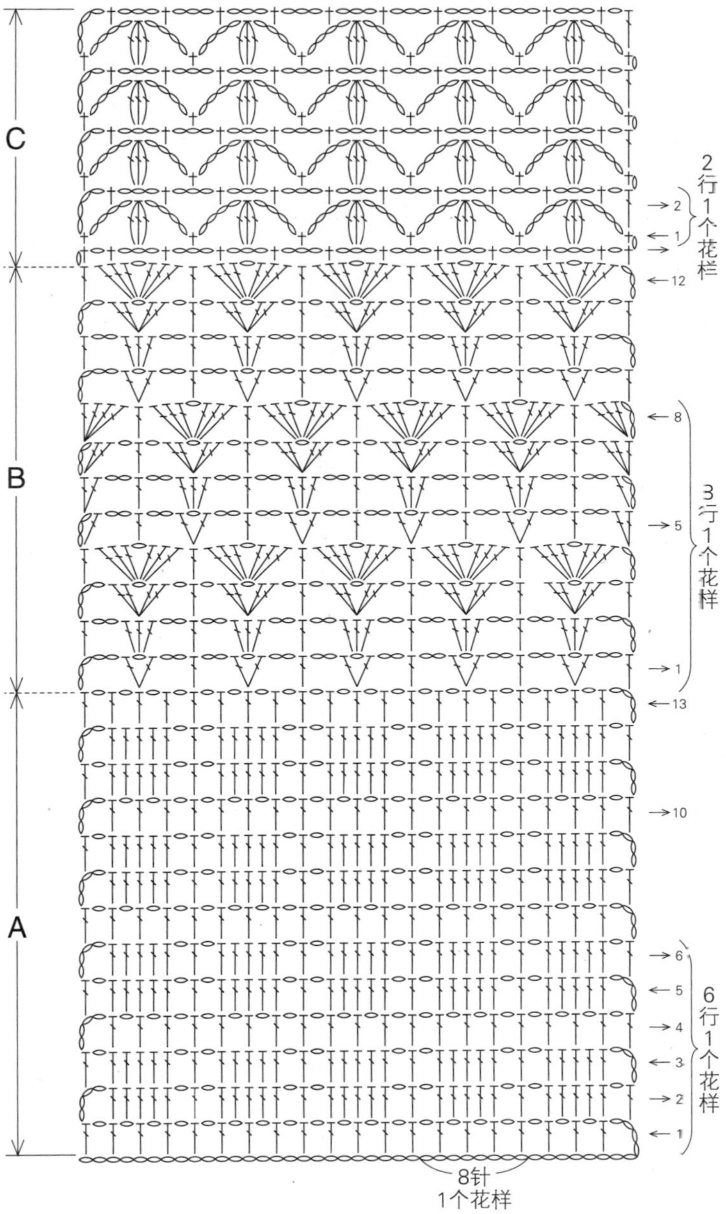

图1

袖窿

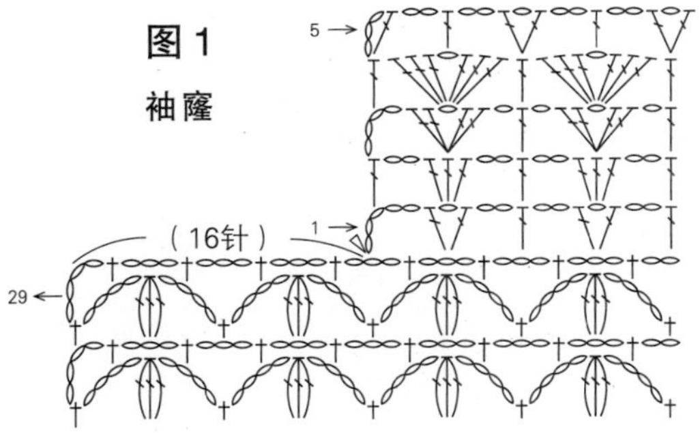

图2　后领窝

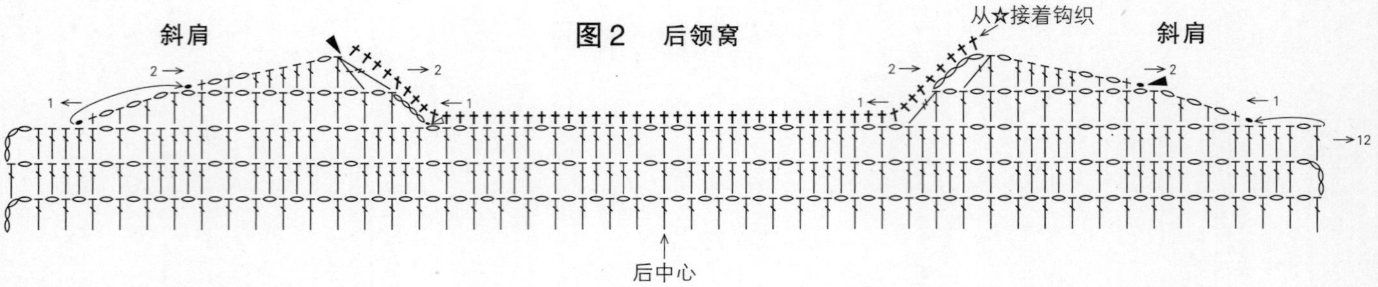

◁ = 加线
◀ = 剪线
⤳ = 渡线

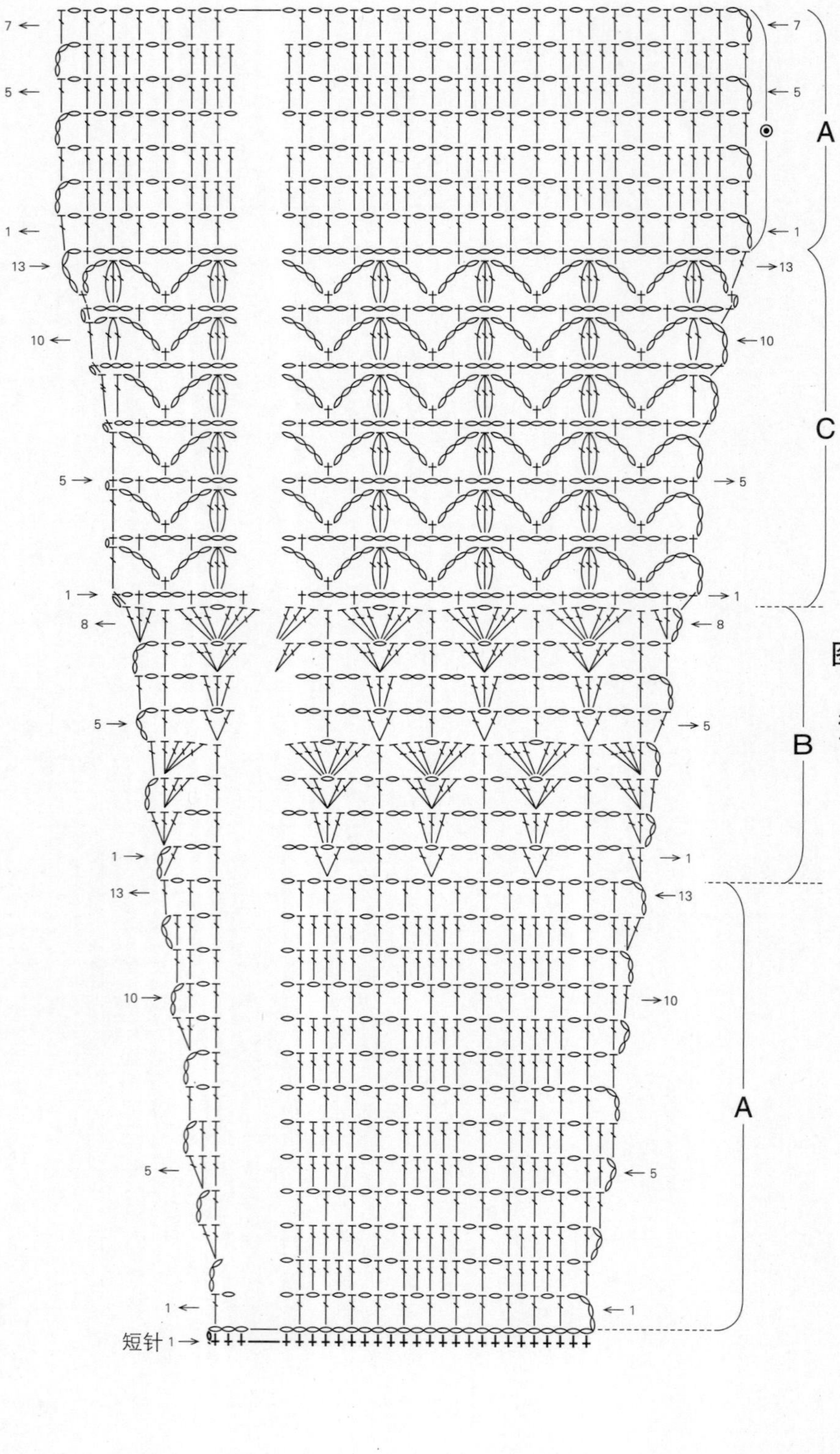

图4　袖下

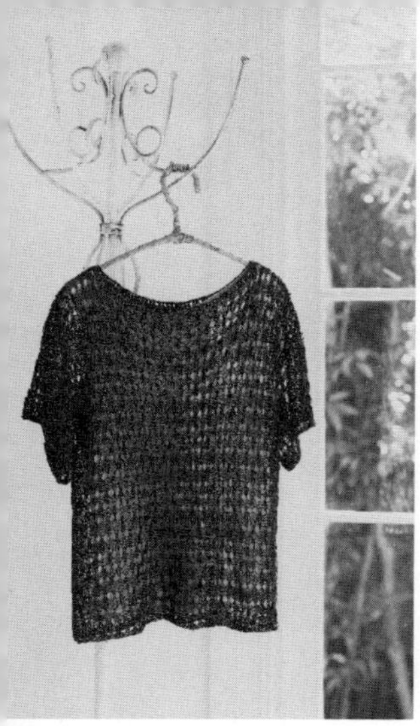

11

p.15

●**材料** Ski Adessa（粗）青铜色（1805）160g/7团

●**工具** 棒针6号、5号

●**成品尺寸** 胸围100cm，衣长50.5cm，连肩袖长39cm

●**编织密度** 10cm×10cm面积内：编织花样A 16针，24行（熨烫定型之后）

●**编织要点** 一定要熨烫定型之后再测量密度。身片手指起针开始编织起伏针，注意起针行要作为反面。前后身片形状相同，不加减针，做编织花样A。肩部做引拔接合，衣袖看着正面从身片挑针编织。第2行开始从编织花样A的第1行编织。（编织花样A的反面成为正面）最终行编织起伏针，从反面做伏针收针。衣领环形做编织花样B，一边编织上针，一边做伏针收针。衣领最终行编织的有挂针，所以看起来较宽松。胁部和袖下使用毛线缝针做挑针缝合。

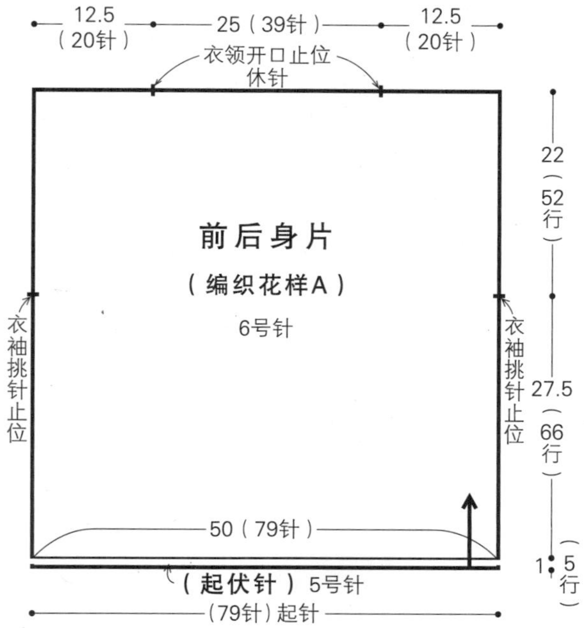

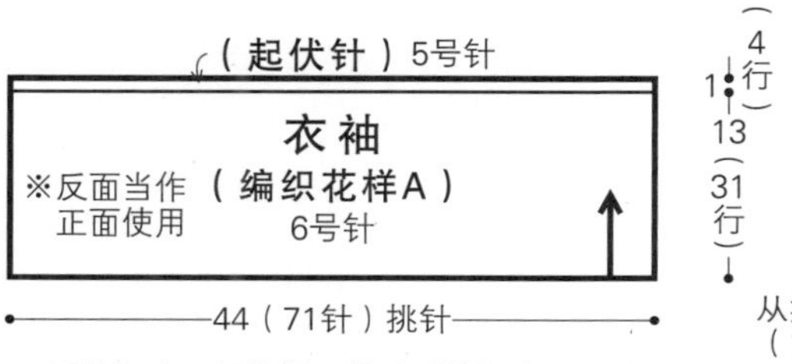

※看着织片正面挑针，然后看着织片反面从编织花样的第1行开始编织
挑针1行，编织花样A 30行，共31行

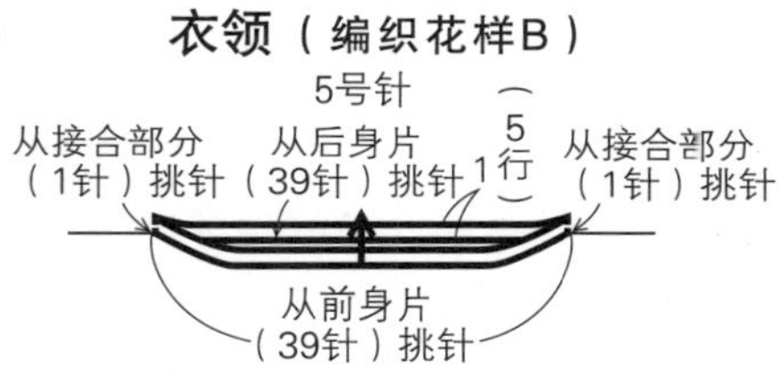

编织花样A

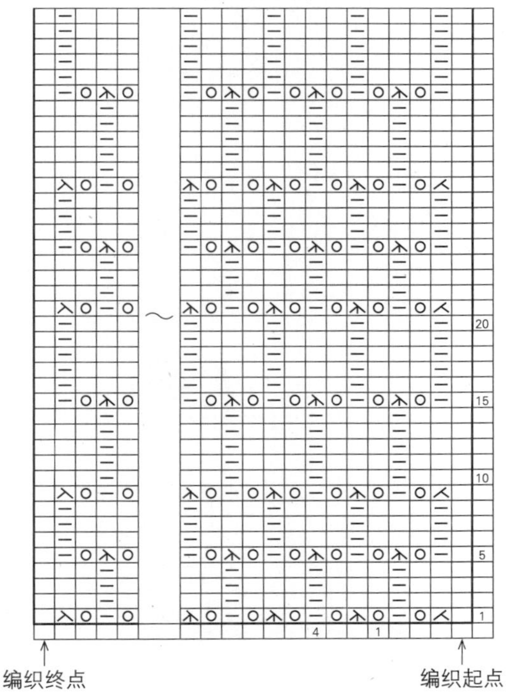

□=▯ 下针

起伏针（下摆）

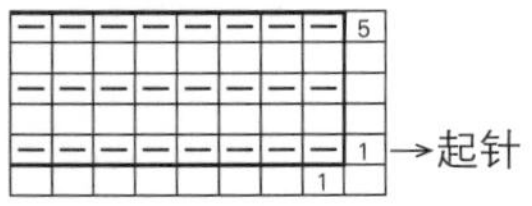

□=▯ 下针

起伏针（袖口）

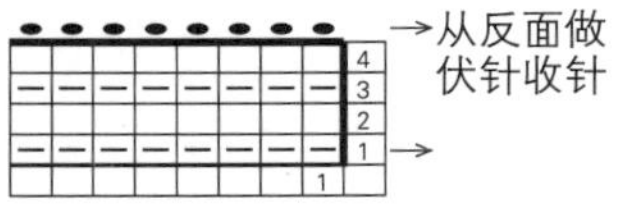

□=▯ 下针

编织花样B

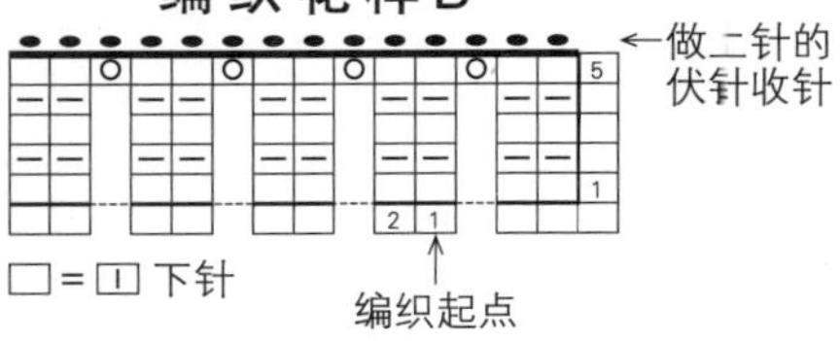

□=▯ 下针

10

p.14

●**材料** Ski Yuusari（中细）香槟色（902）310g/11 团

●**工具** 棒针 4 号

●**成品尺寸** 胸围 98cm，衣长 53.5cm，连肩袖长 57.5cm

●**编织密度** 10cm×10cm 面积内：编织花样 B 23.5 针，36 行

●**编织要点** 手指挂线起针，做编织花样 A，注意花样中的 3 针并 1 针是左上 3 针并 1 针。直接做编织花样 B，袖窿做伏针收针。领窝减针时，2 针及以上时做伏针减针，1 针时立起侧边 1 针减针。衣袖起针方法和身片相同，袖下在端头 1 针内侧做扭针加针。前后肩部做引拔接合，衣领编织起伏针，做伏针收针。衣袖对齐针与行接合于身片，胁部和袖下使用毛线缝针做挑针缝合。

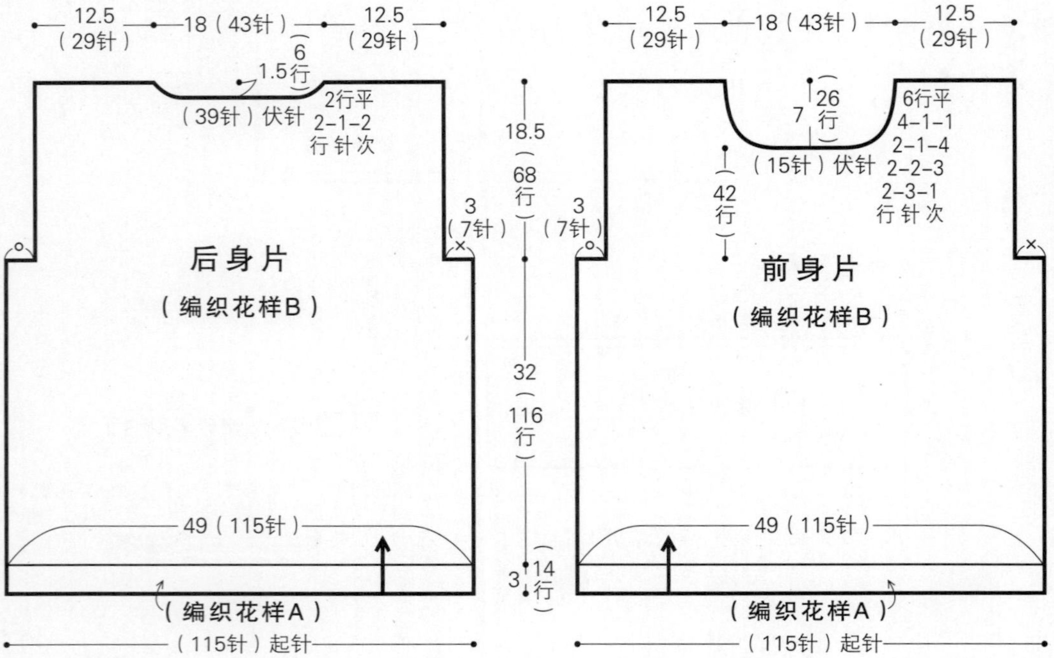

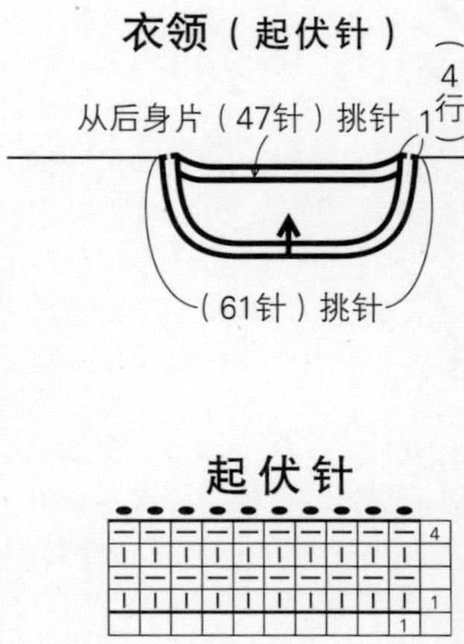

※ 全部使用4号针编织

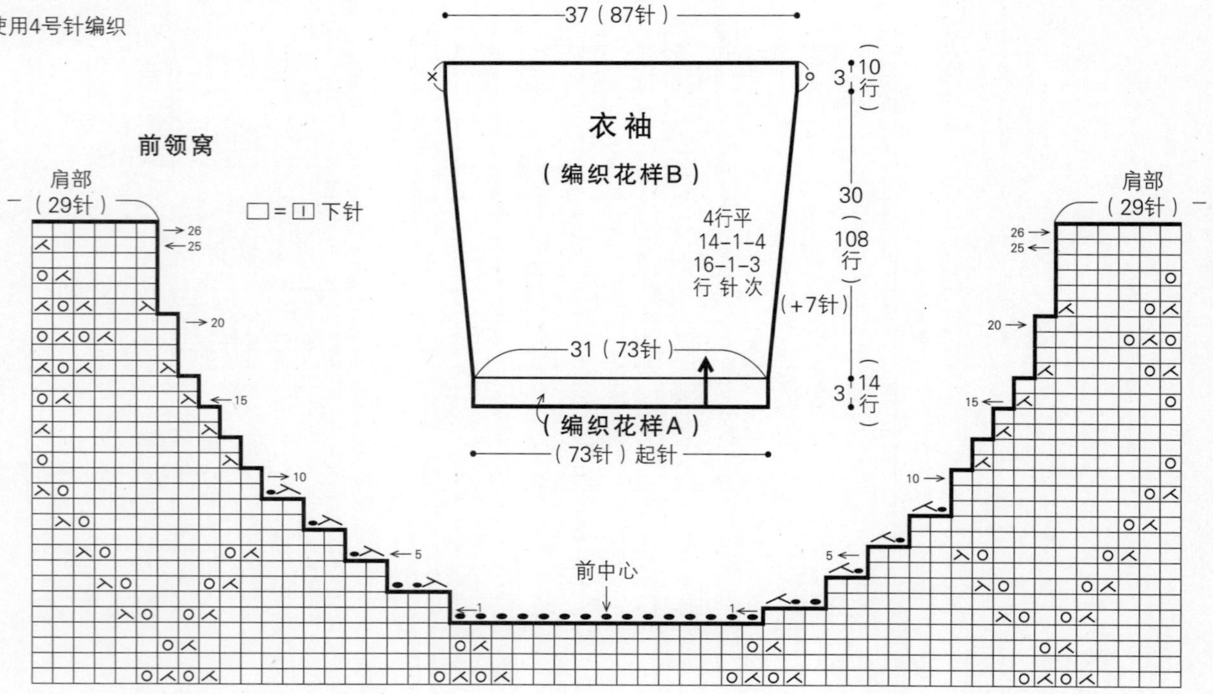

编织花样

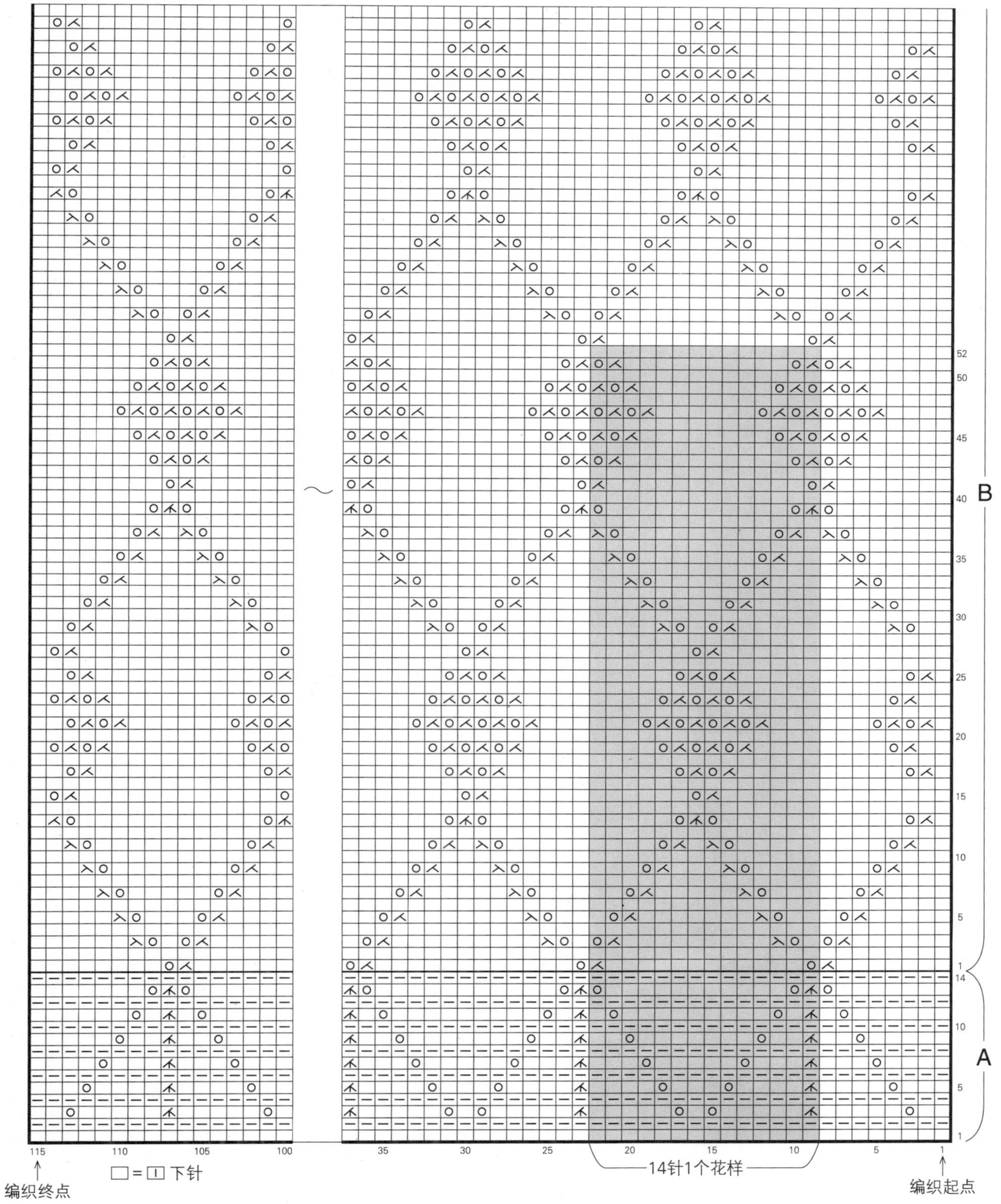

B
A
52
50
45
40
35
30
25
20
15
10
5
1
14
10
5
1
115
110
105
100
35
30
25
20
15
10
5
1
编织终点
编织起点
14针1个花样
□=□ 下针

12

p.16

●材料 Ski Meilong（粗）暗灰色（1528）280g/10 团

●工具 棒针 5 号、4 号，钩针 3/0 号

●成品尺寸 胸围 94cm，肩宽 24.5cm，衣长 56.5cm，袖长 39cm

●编织密度 10cm×10cm 面积内：编织花样 B 24.5 针，31 行；编织花样 A 23.5 针，16 行 4cm

●编织要点 身片、衣袖在 4 号棒针上起针，做编织花样 A，然后平均做扭针加针，按照图示做编织花样 B。领窝平处休针，其他处的领窝、袖窿、袖山减针时，2 针及以上时做伏针减针，1 针时立起侧边 1 针减针。肩部做盖针接合，衣领编织起伏针和下针编织组成的编织花样 C，最后松松地做伏针收针。胁部和袖下使用毛线缝针做挑针缝合，下摆和袖口分别环形做边缘编织，每隔 1 针挑起锁针起针的 2 根线。钩引拔针将衣袖接合于身片。完成后用熨斗熨烫整理，注意不要烫坏针目。

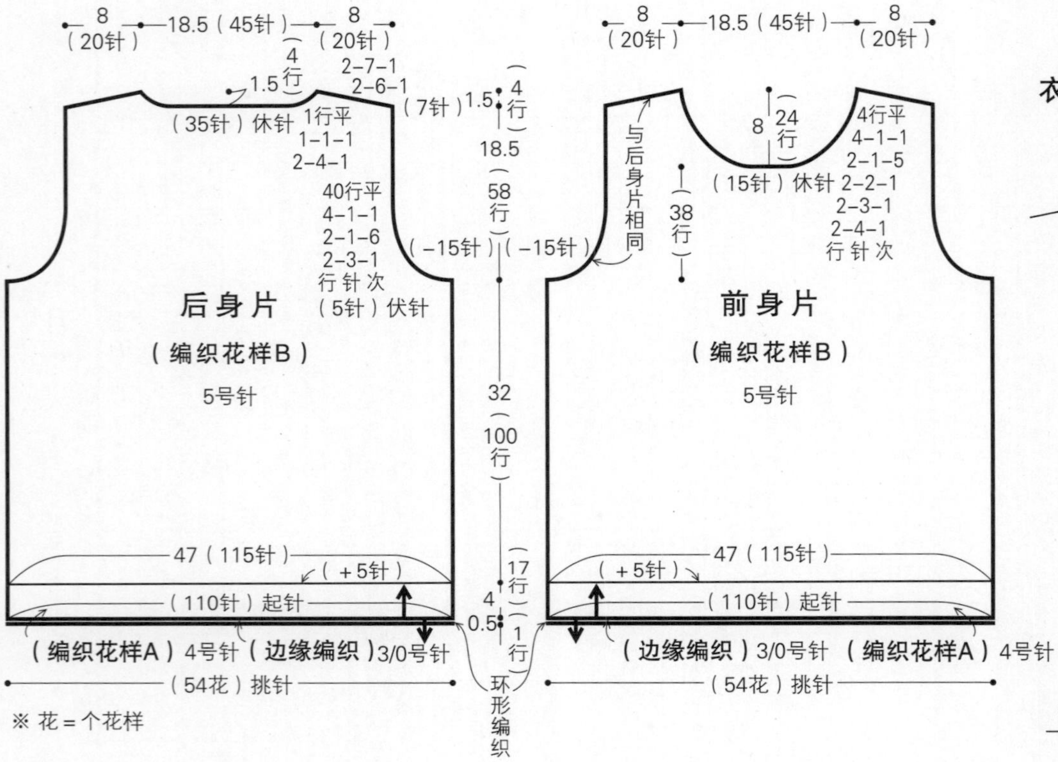

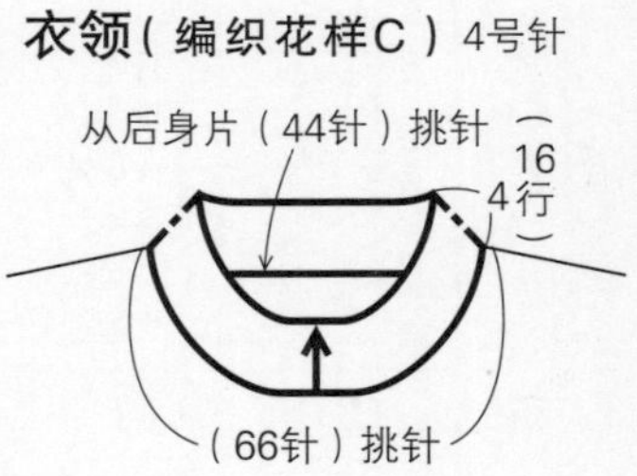

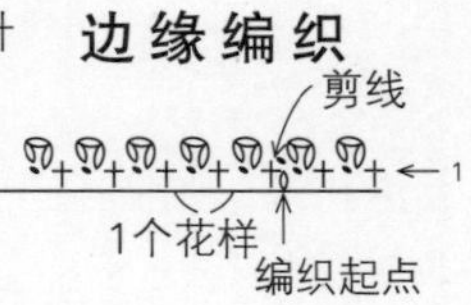

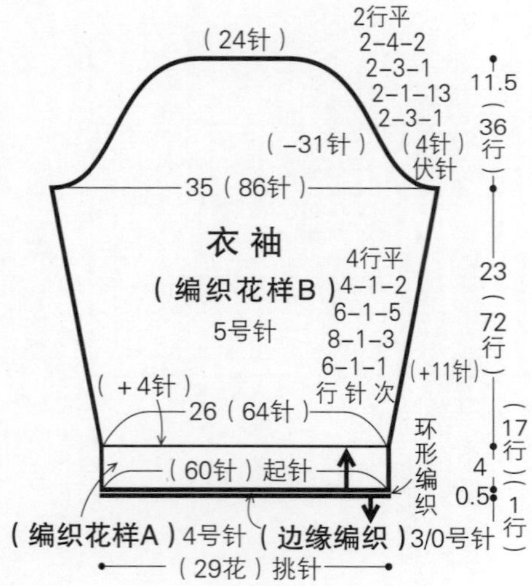

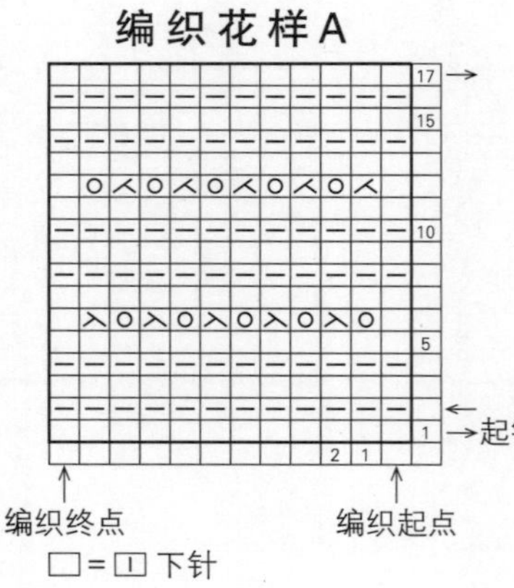

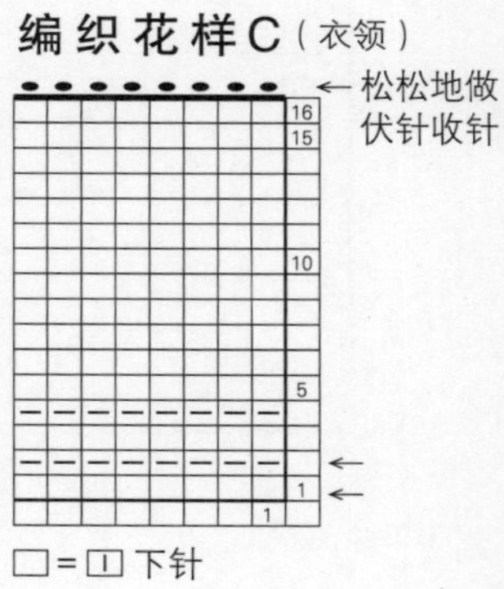

编织花样B（衣袖）

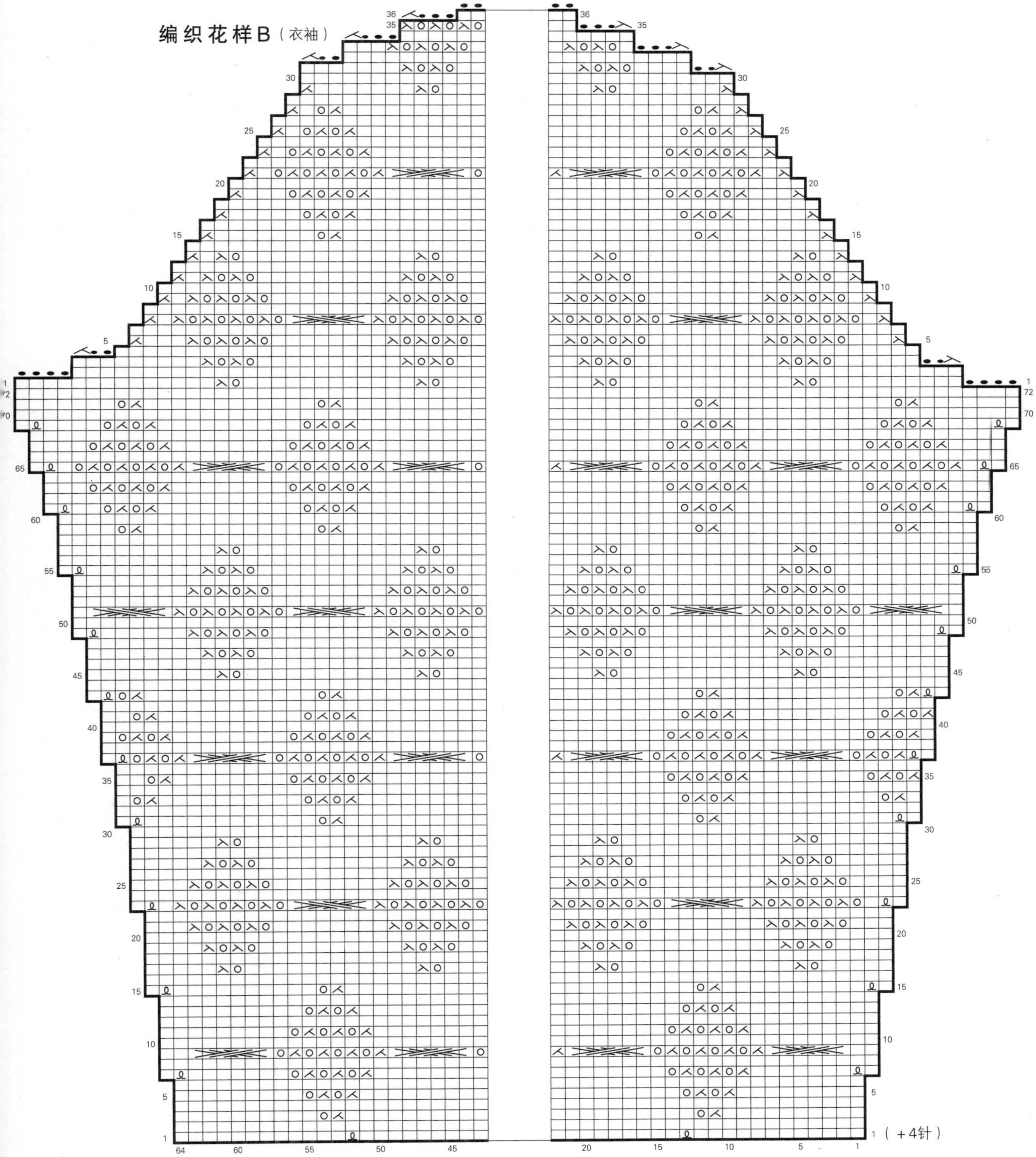

□=□ 下针

用钩针辅助棒针起针

①
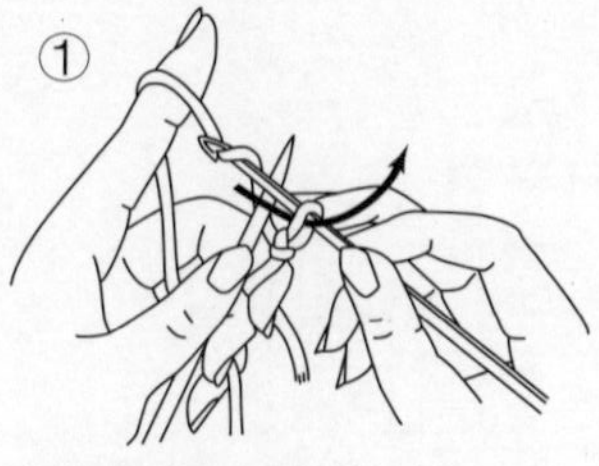

用钩针钩织1针锁针。将棒针放在线上拿好，从上面钩织锁针。

②
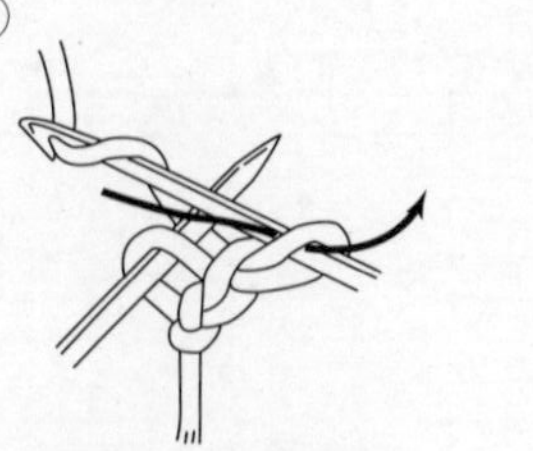

挂线并拉出。完成了2针。重复上述步骤。

盖针接合

①
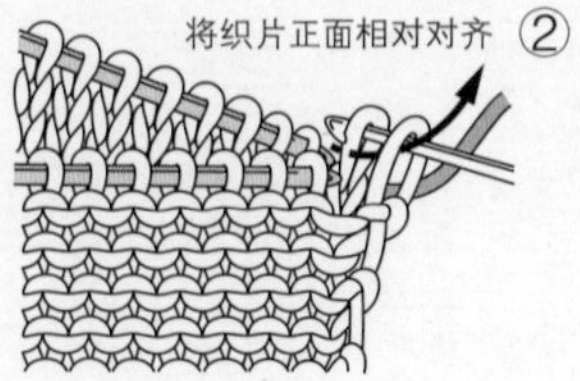

将端头一针转到钩针上，将后一针从前面拉出。

②
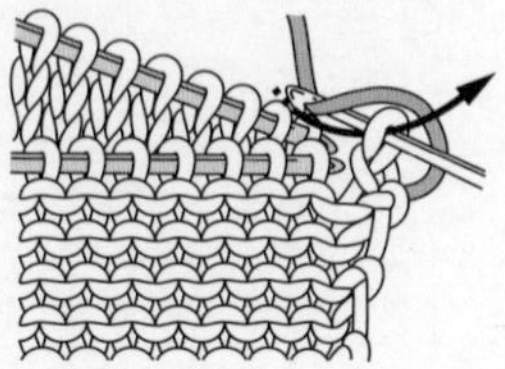

挂线并引拔。

③
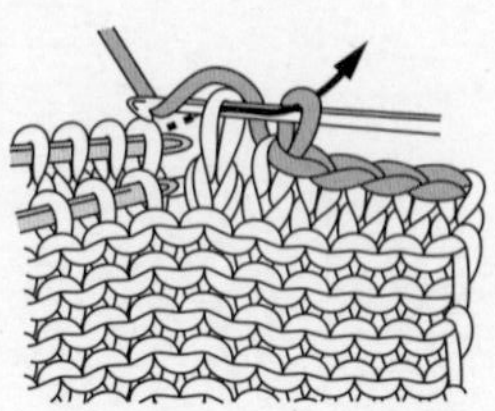

重复步骤①、②。

④
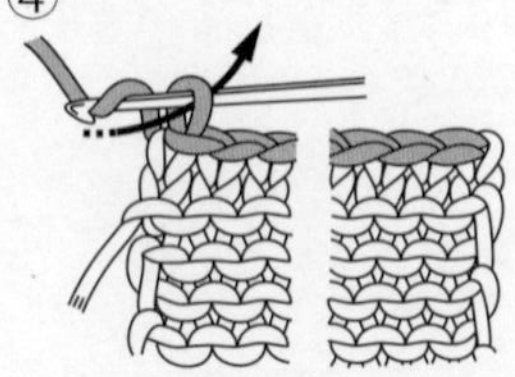

接合后，将线头引拔使针目收紧。

后领窝

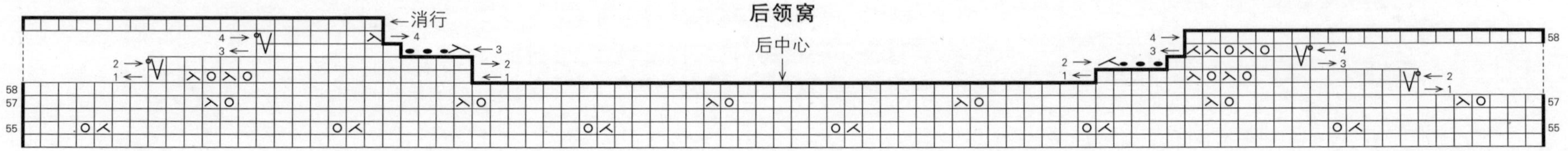

编织花样B

前领窝

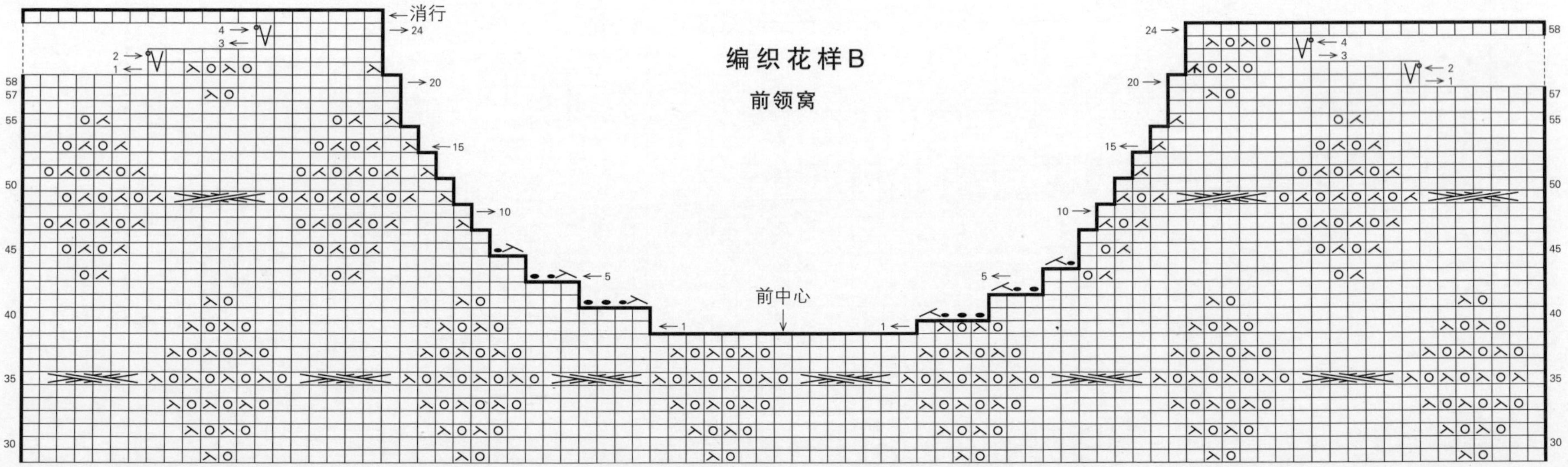

前后身片

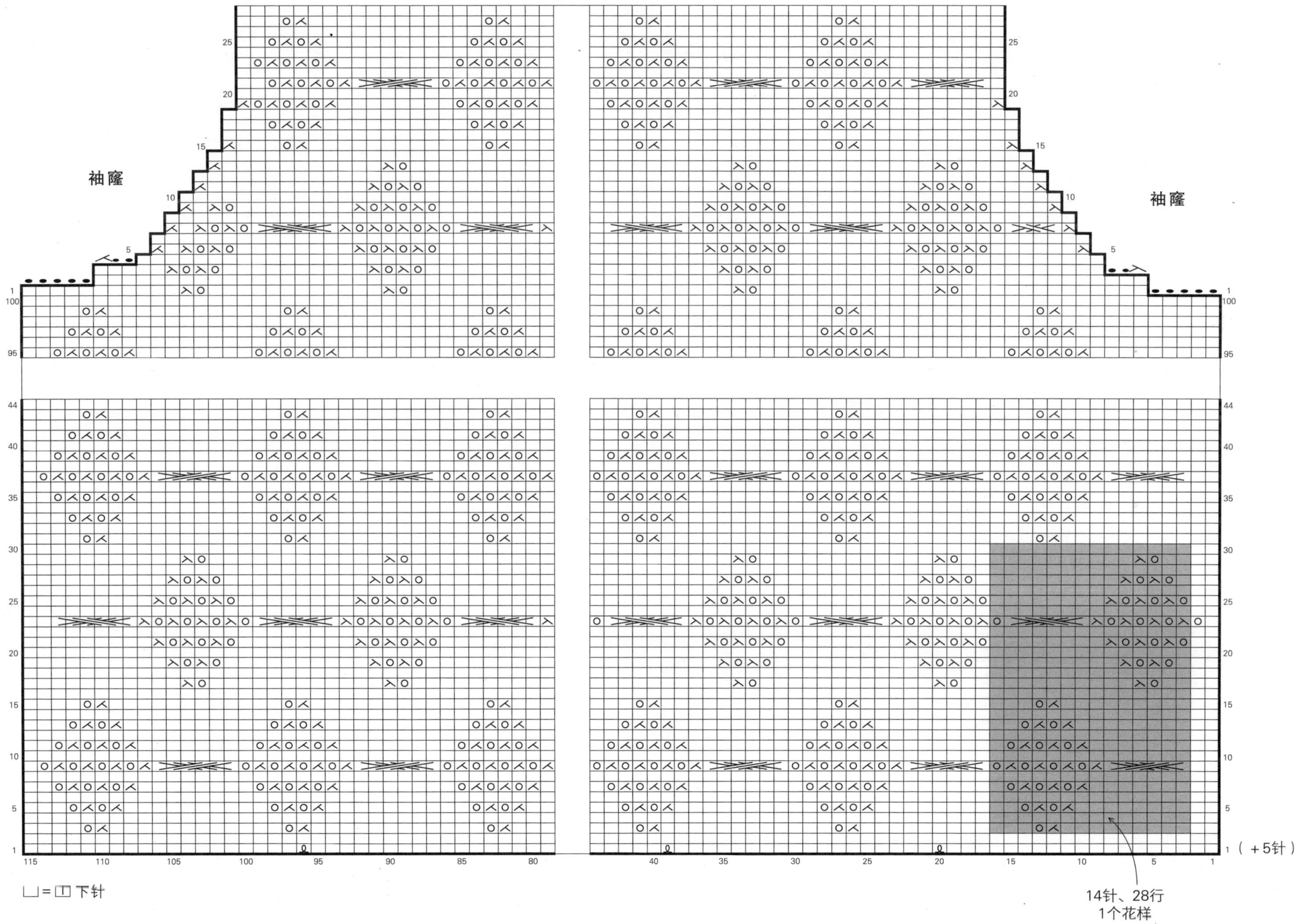

□=□ 下针

22

p.25

●**材料** Ski Meilong（粗）青铜色（1527）65g/3团

●**工具** 钩针5/0号、6/0号

●**成品尺寸** 宽14.5cm，长120cm

●**编织密度** 10cm×10cm面积内：编织花样20针，11行

●**编织要点** 锁针起针，挑起里山，横向钩织15行编织花样。在编织花样的狗牙针上钩织短针时，整段挑起狗牙针的锁针链。从编织起点挑针，钩织1行短针整理形状。

编织花样

披肩

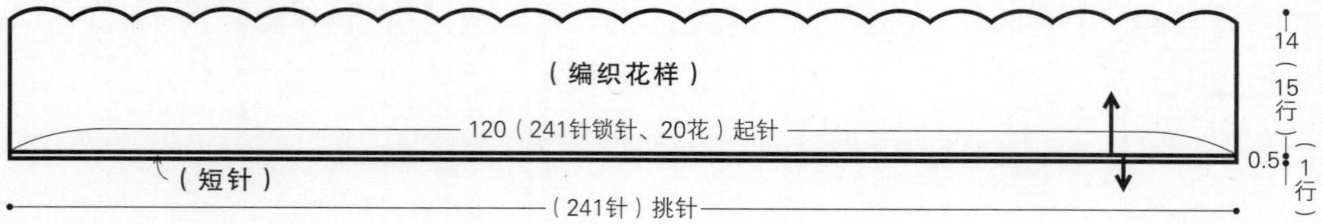

※ 起针时用6/0号针，其他用5/0号针

※ 花＝个花样

13

p.17

● **材料** Ski Harugasumi（中细）黄樱色（1311）315g/11 团

● **工具** 钩针 4/0 号

● **成品尺寸** 胸围 112cm，衣长 53.5cm，连肩袖长 55.5cm

● **编织密度** 编织花样 A 1 个花样 3.5cm × 10cm 10.5 行

● **编织要点** 身片锁针起针，按照图示交错做编织花样 A、B。编织花样 A 的长针交叉行的长针是斜着钩织的，因此要充分拉长，不要使其收缩。领窝和斜肩按照图 1、图 2 钩织。衣袖从编织花样 A 开始编织，中途按照图示编织 9 行分散减针，然后分散加针变成编织花样 A。肩部钩织引拔针和锁针接合，胁部和袖下钩织引拔针和锁针接合。下摆和袖口环形往返做边缘编织 A，衣领也按照相同方法做边缘编织 B。衣袖钩织引拔针和锁针接合于身片。

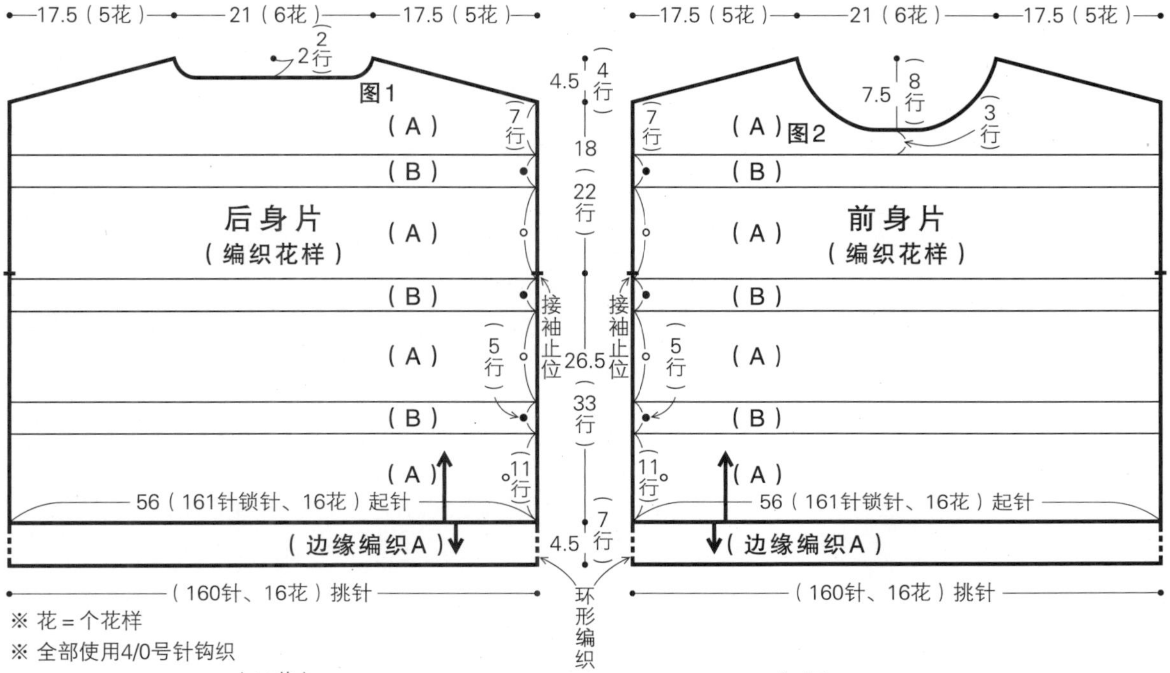

※ 花 = 个花样

※ 全部使用4/0号针钩织

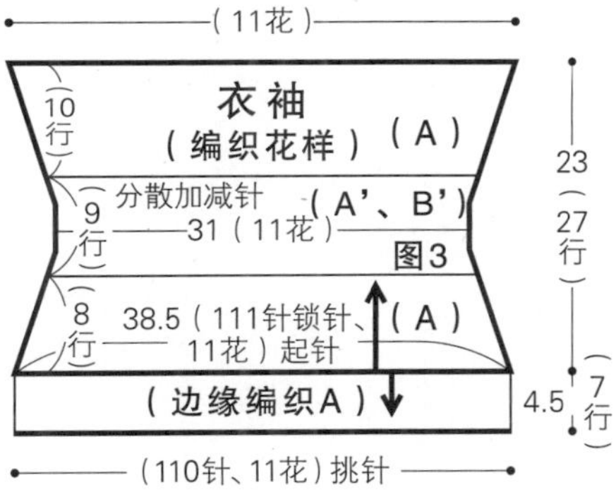

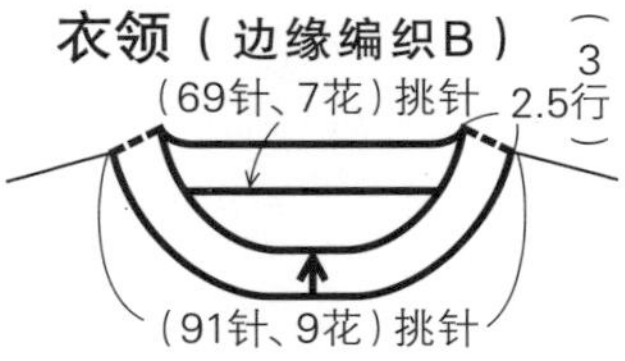

边缘编织B（衣领）

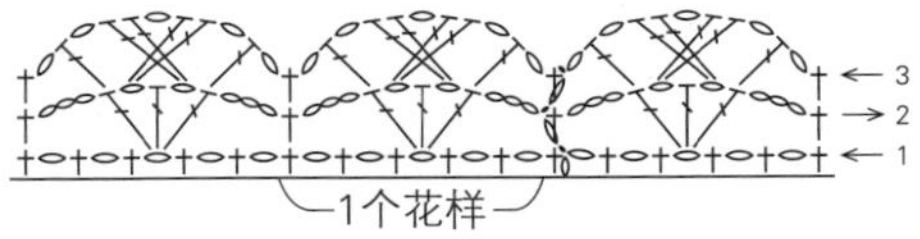

编织花样A'、B'（衣袖）

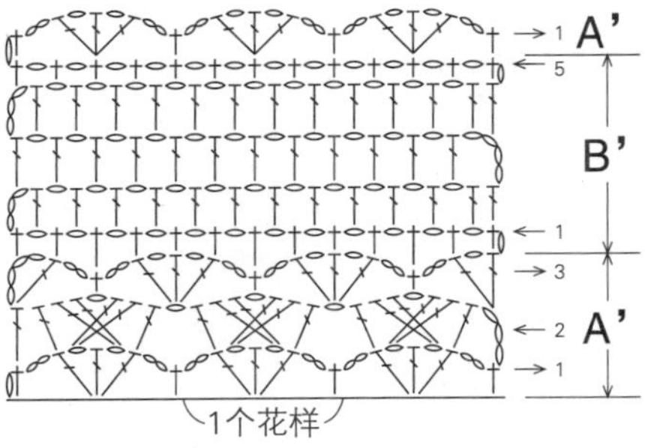

边缘编织A（下摆、袖口）

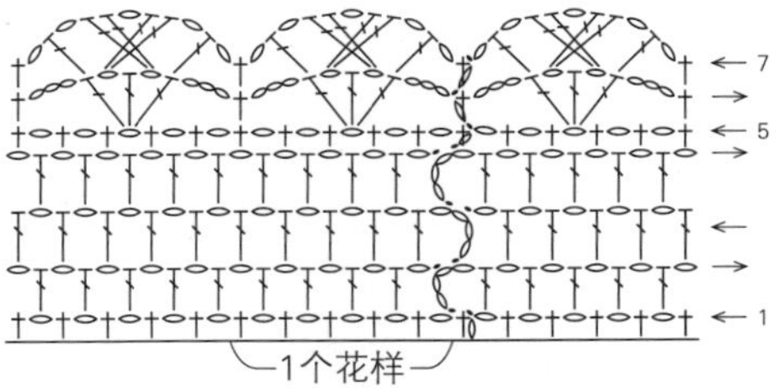

1针长针交叉

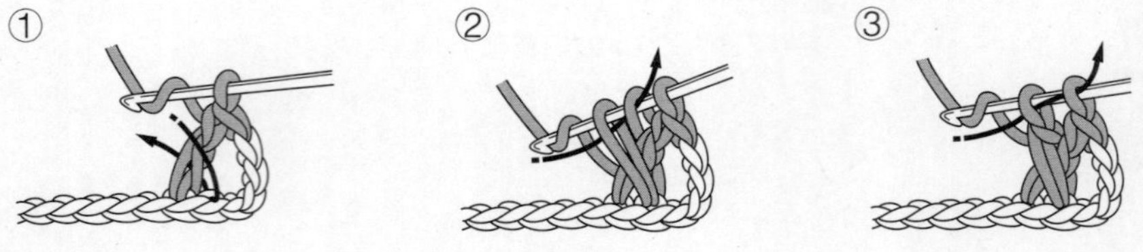

① 先钩织右边的一针，然后退回一针插入钩针。

② 包住先前钩织的长针，将线拉出。

③ 一针一针地挂线引拔，钩织长针。

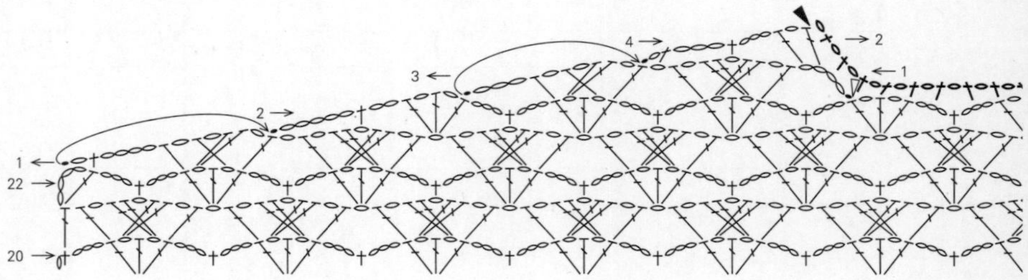

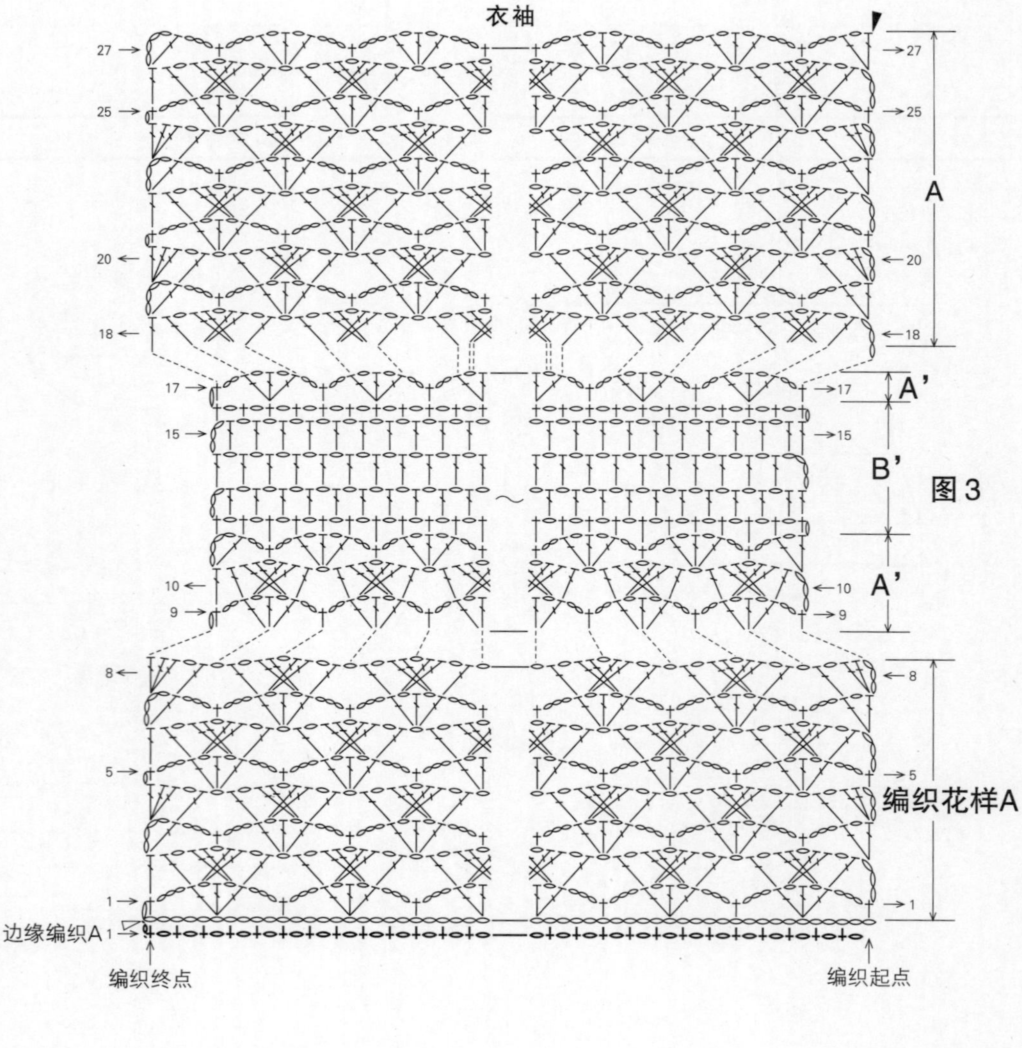

图2

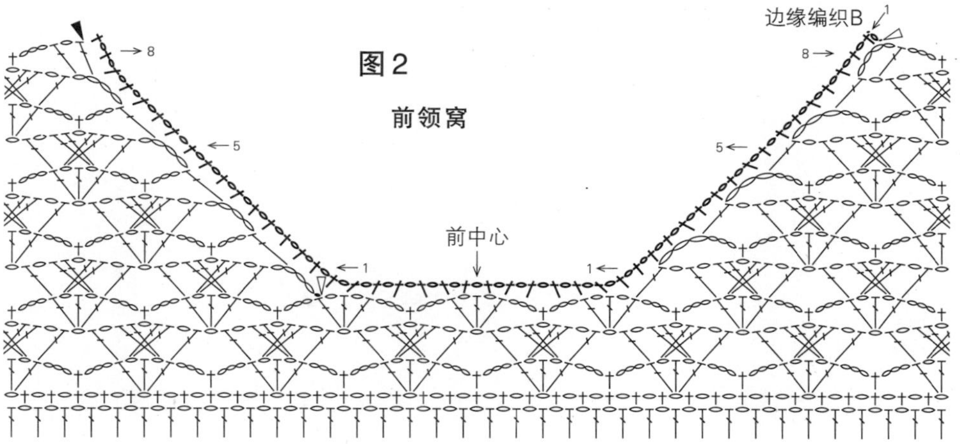
前领窝
边缘编织B
前中心
8
5
1

图1

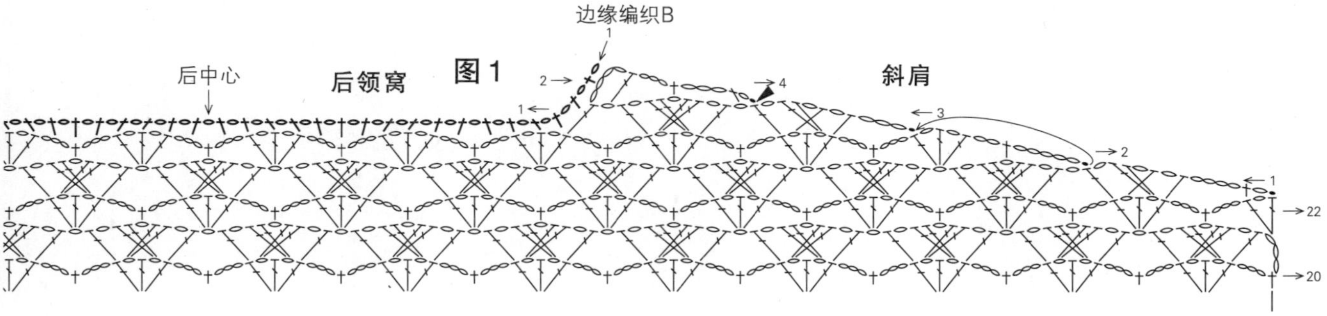
后中心
后领窝
边缘编织B
斜肩
1
2
3
4
20
22

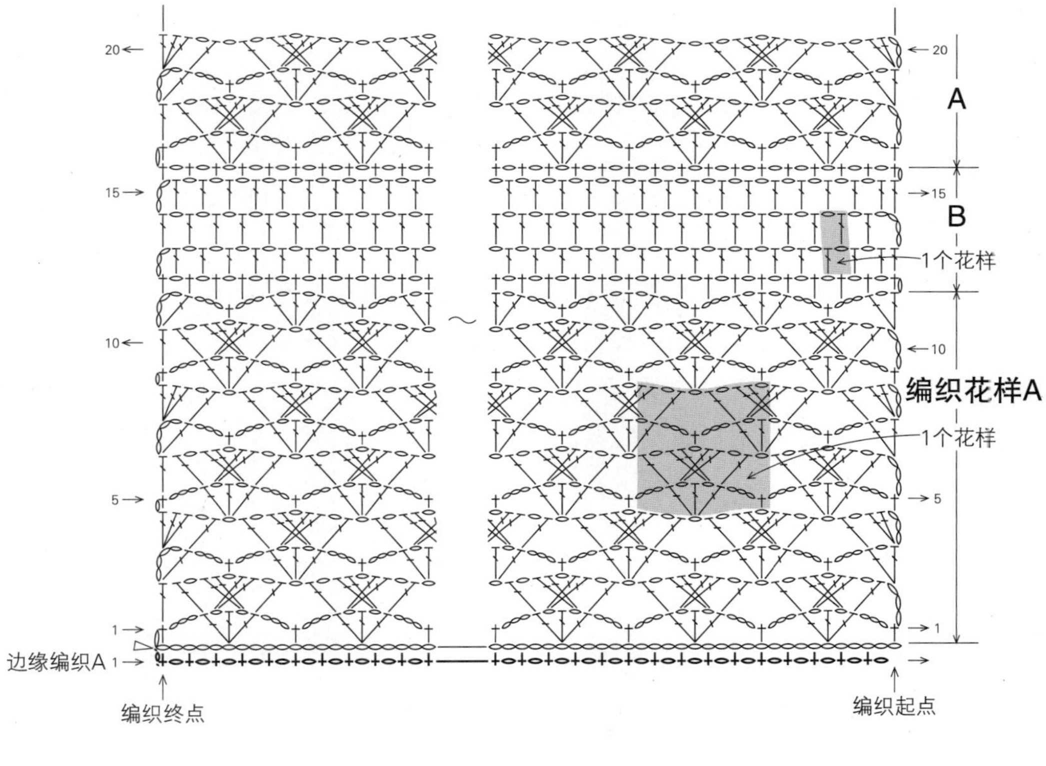
A
B
1个花样
编织花样A
1个花样
边缘编织A
编织终点
编织起点
1
5
10
15
20

◁ = 加线
◀ = 剪线
⤸ = 渡线

15

p.19

●**材料** Ski Quartz（粗）暗灰色（1730）220g/8团

●**工具** 钩针5/0号

●**成品尺寸** 胸围100cm，肩宽41cm，衣长53.5cm

●**编织密度** 编织花样 1个花样5.5cm×10cm 12行

●**编织要点** 锁针起针，挑起里山，做编织花样。编织花样中长针较多，因此要一直将根部钩织得长一些。袖窿和领口参照图1~图3钩织。前后肩部，挑起最终行的短针头部做引拔接合，胁部钩织短针和锁针接合。袖窿和领口环形钩织2行短针整理形状，下摆看着反面挑针做边缘编织，第2行钩织狗牙针。

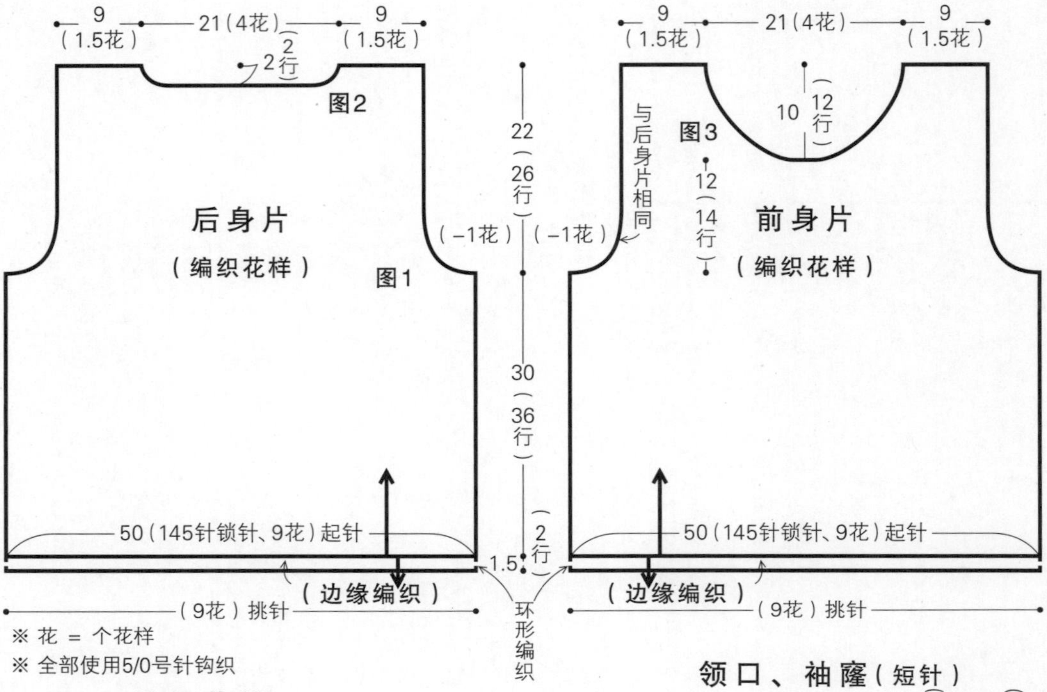

※ 花 = 个花样

※ 全部使用5/0号针钩织

编织花样

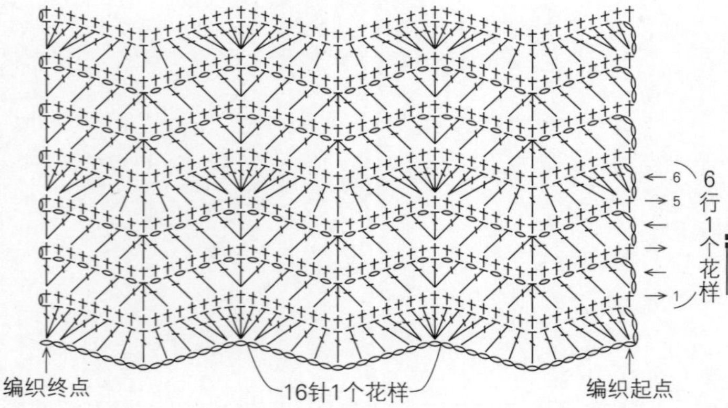

领口、袖窿（短针）

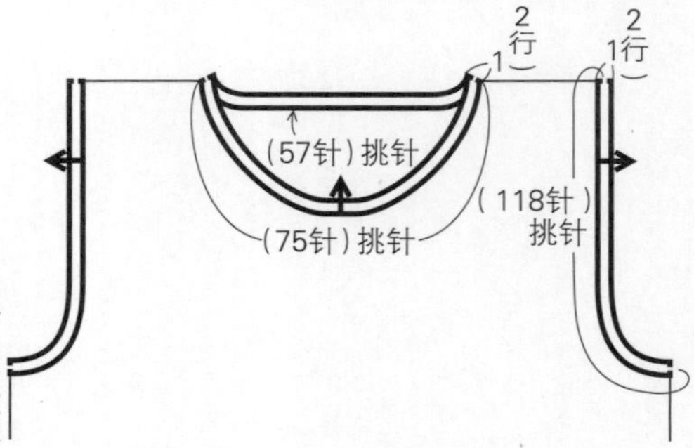

短针（领口、袖窿）

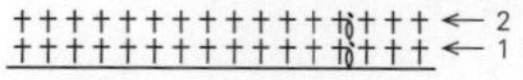

边缘编织（下摆）

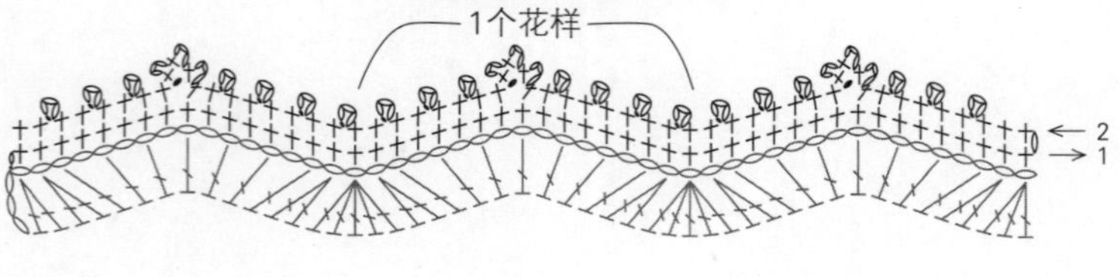

图3

前领口

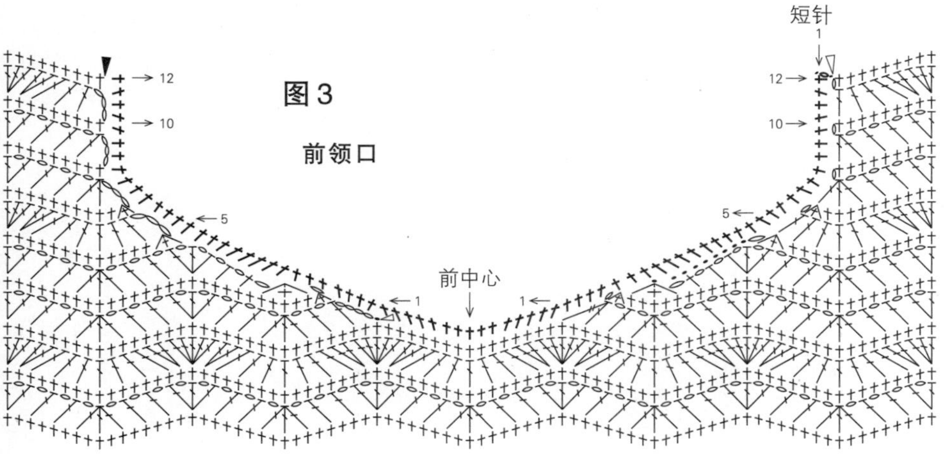

图2

后领口

图1

袖窿

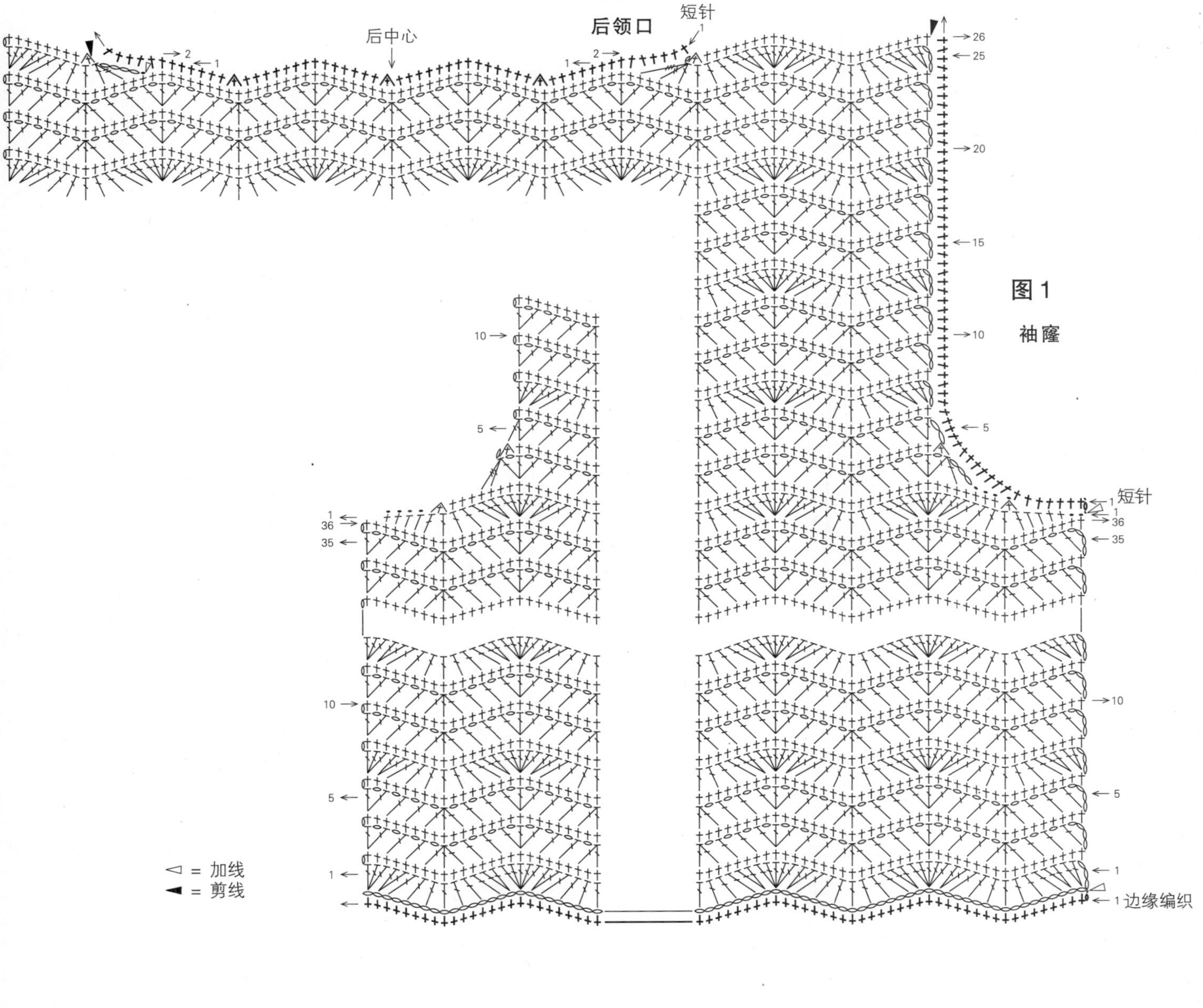

◁ = 加线

◀ = 剪线

17

p.21

●**材料** Ski Meilong（粗）彩蓝色（1523）220g/8 团

●**工具** 钩针 6/0 号、5/0 号

●**成品尺寸** 胸围 99cm，衣长 53.5cm，连肩袖长 35cm

●**编织密度** 编织花样 1 个花样 4.5cm × 10cm 7.7 行

●**编织要点** 从衣领向下摆钩织。育克环形钩织 160 针锁针，从后中心开始钩织，做环形的编织花样。按照图示分散加针。育克编好后，在前后身片和袖口做个标记。后育克加线，前后身片相差 3 行做往返编织。将前后身片连在一起钩织至下摆，不加减针。领口做边缘编织，整理形状。下摆和袖口做编织花样。

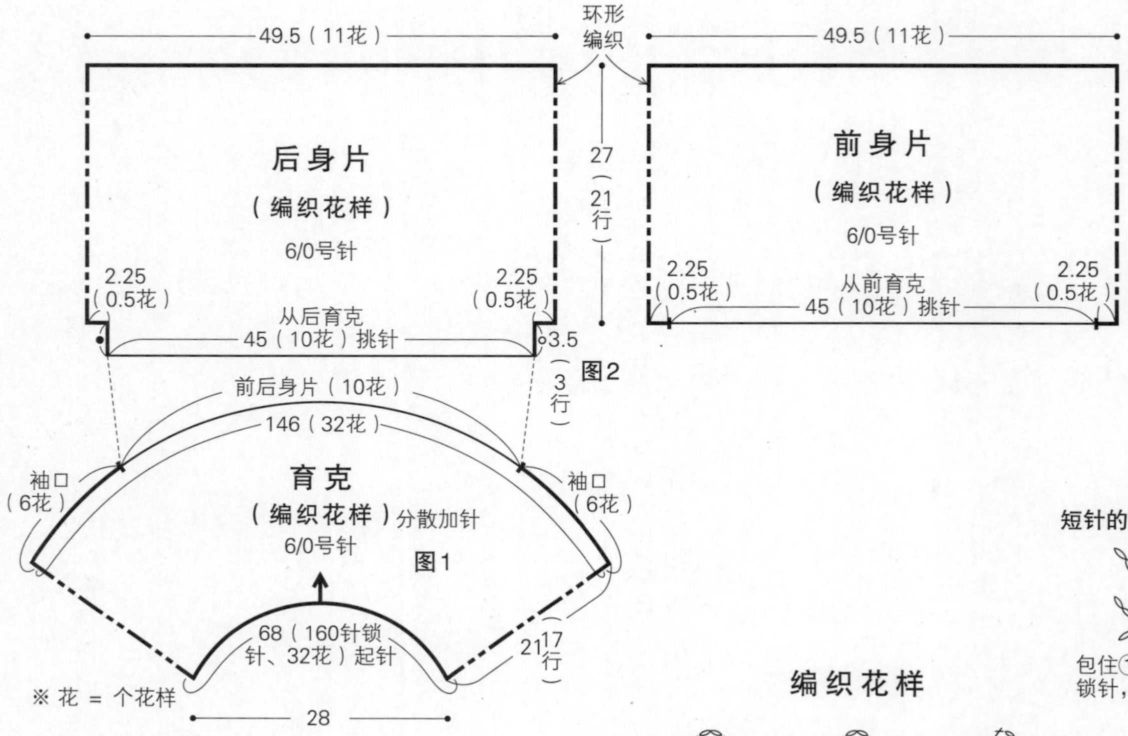

短针的钩织方法

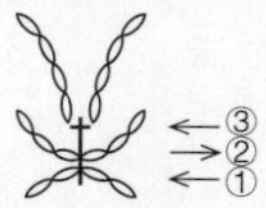

包住①、②行的锁针，钩织短针

编织花样

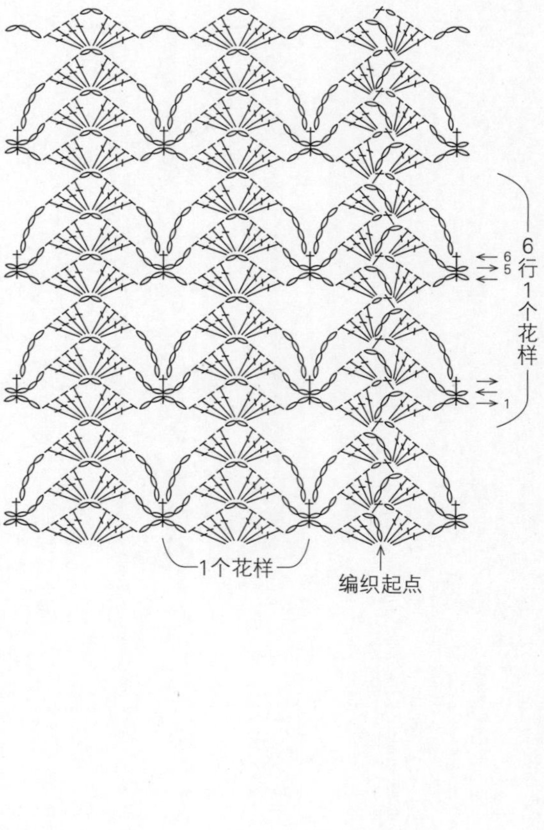

领口（边缘编织） 5/0号针

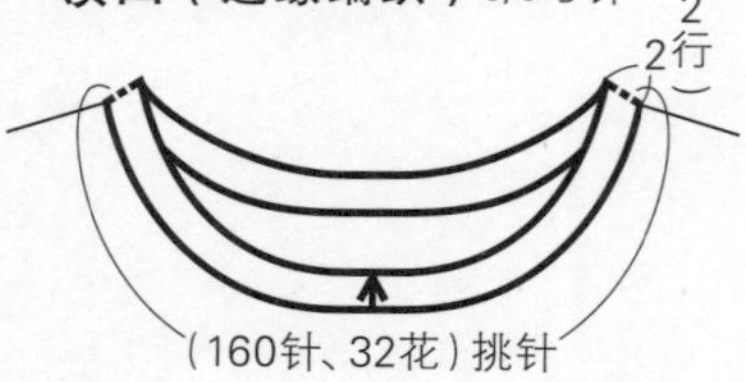

边缘编织（衣领）

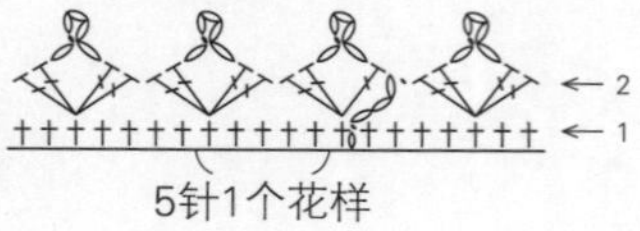

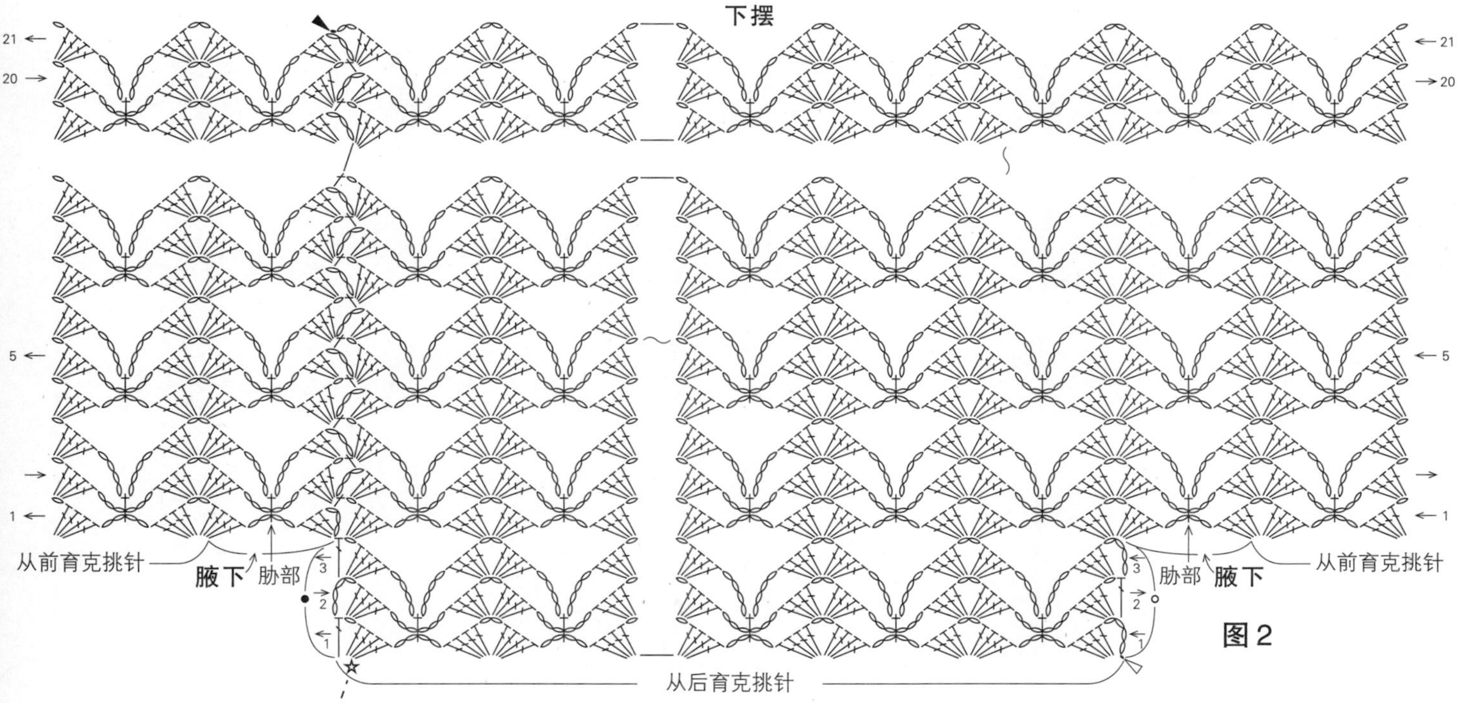
下摆
21
20
5
1
从前育克挑针
腋下
胁部
3
2
1
从后育克挑针

图 2

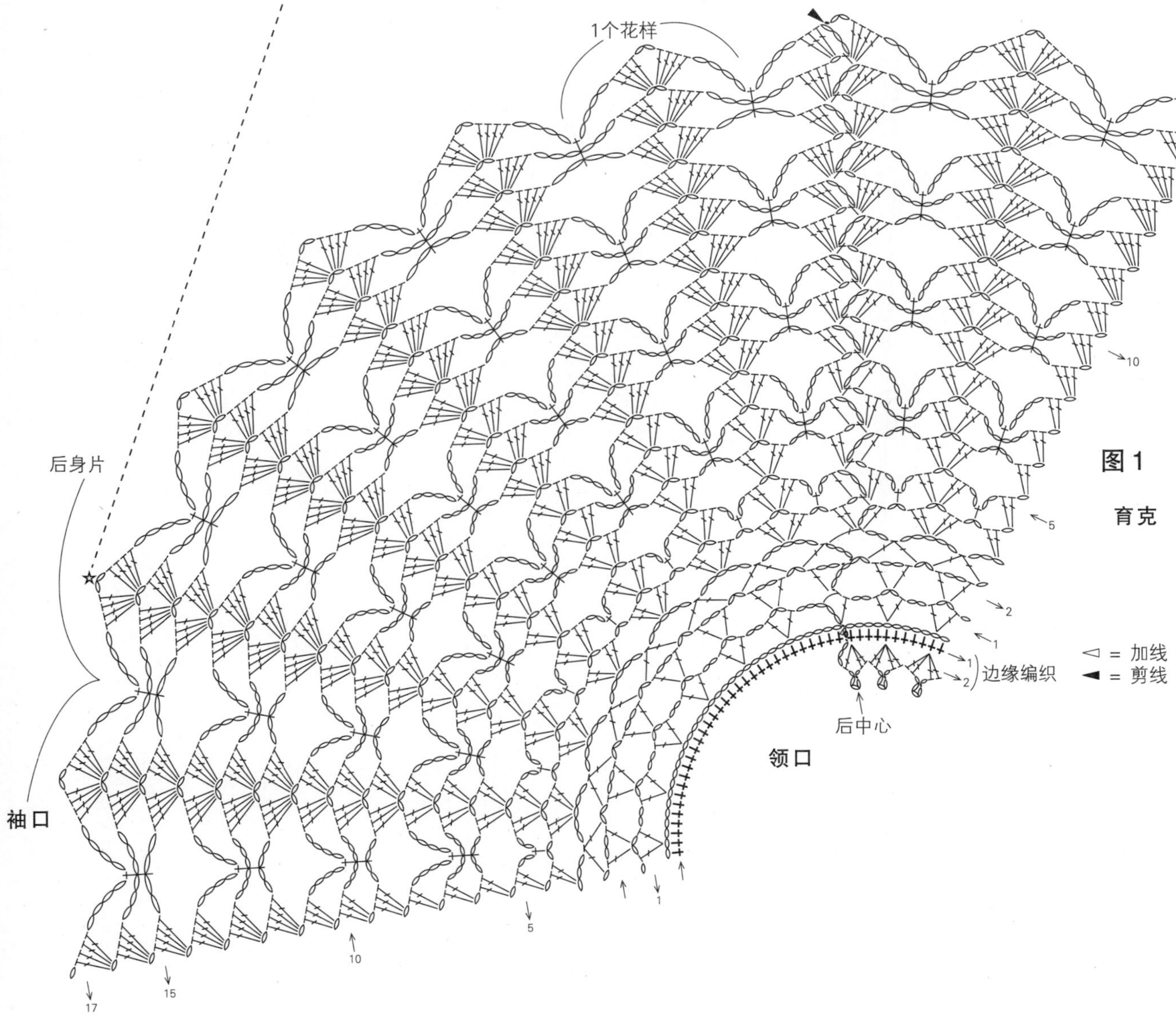
1个花样
17
15
10
5
2
1
后身片
袖口
边缘编织
后中心
领口
◁ = 加线
◀ = 剪线

图 1

育克

反短针

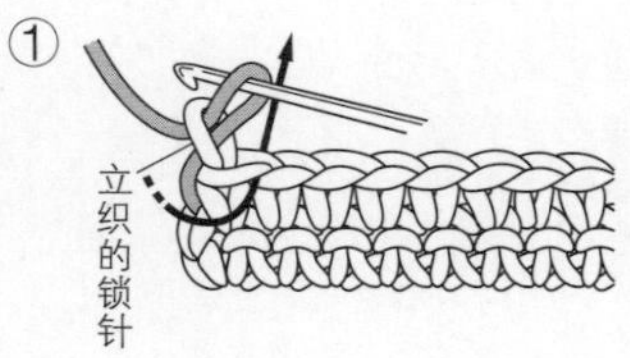

从左向右钩织。如箭头所示插入钩针。

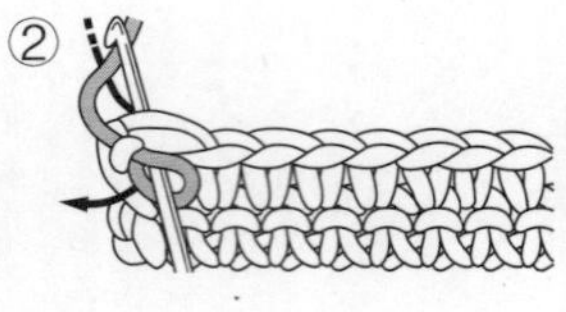

挂线后拉出。

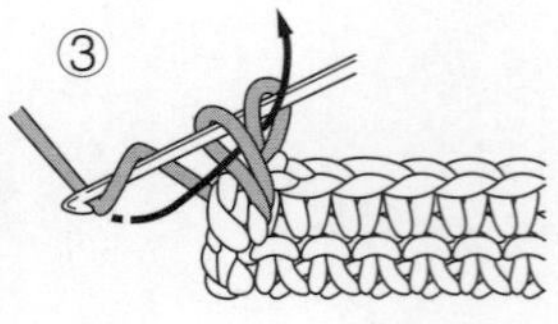

挂线，一次性从2个线圈中引拔出。

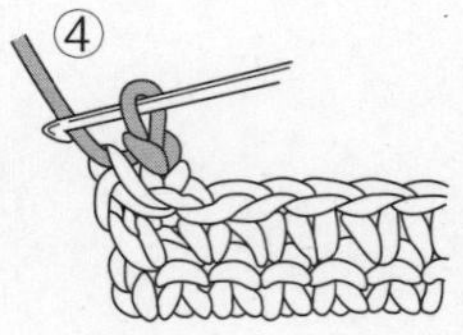

1针反短针完成。

3卷长针

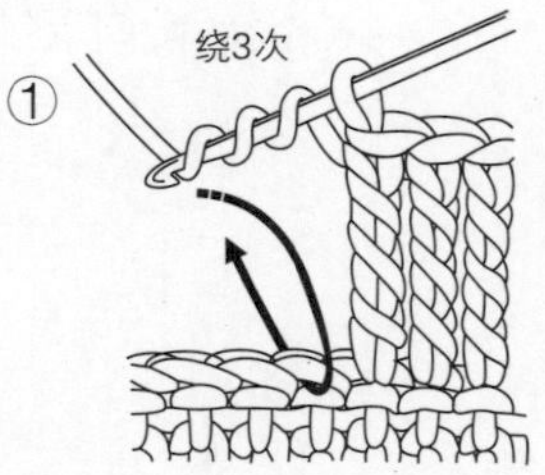

在钩针上绕3次线，如箭头所示插入钩针，挂线并拉出。

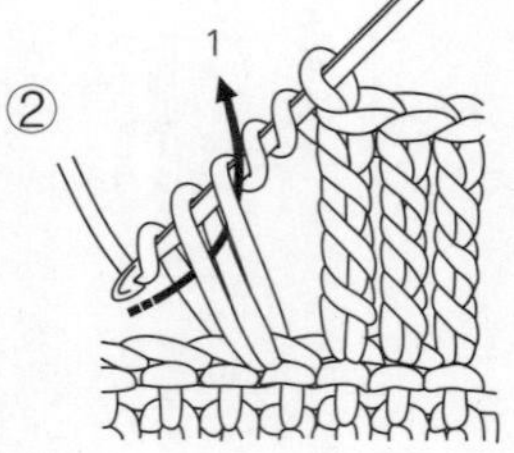

在针上挂线，从前面的2个线圈中引拔出。

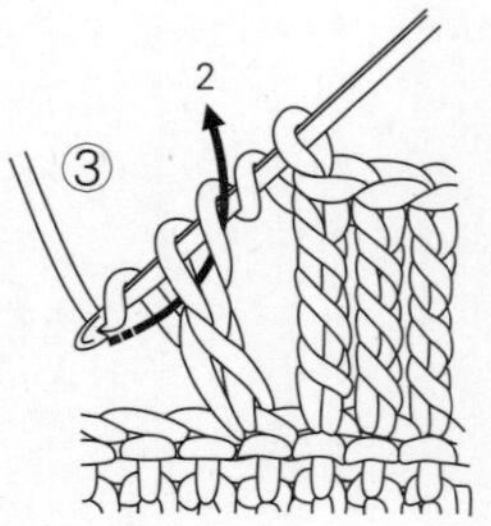

再次挂线，从钩针上的2个线圈中引拔出。

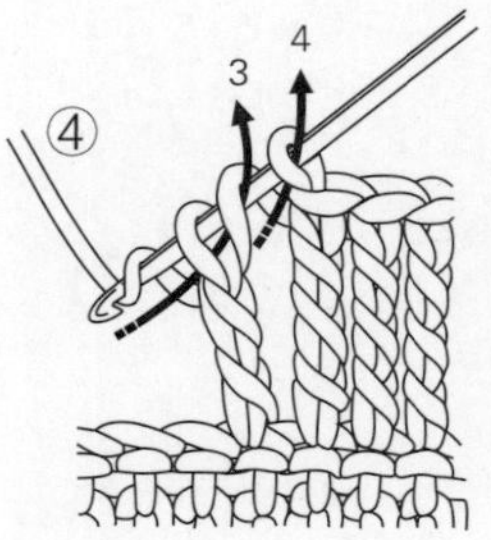

再次挂线，从钩针上的2个线圈中引拔出，3卷长针完成。

3针锁针的狗牙拉针

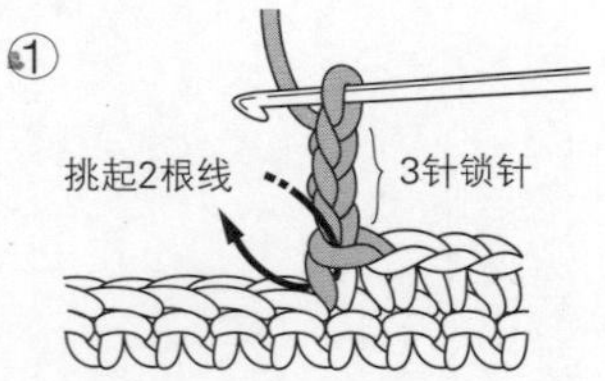

钩织3针锁针，如箭头所示插入钩针。

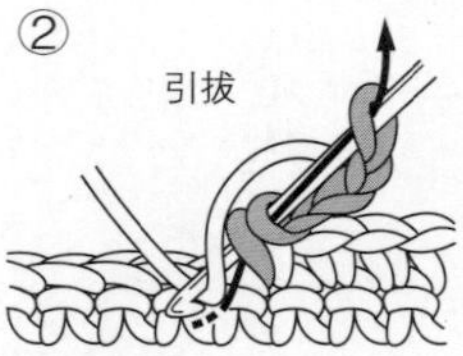

钩针挂线，一次性引拔出。

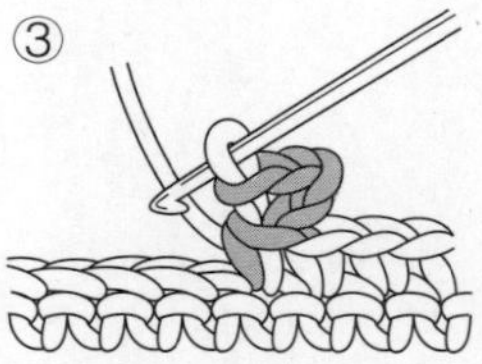

3针锁针的狗牙拉针完成。

右上3针并1针

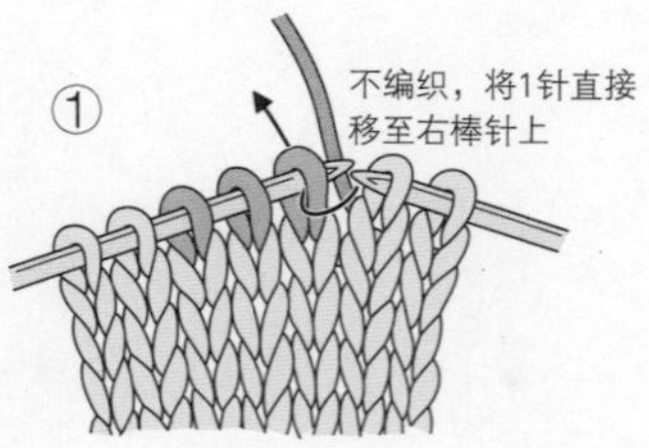

如箭头所示将右棒针插入左棒针，不编织，直接将针目移至右棒针。

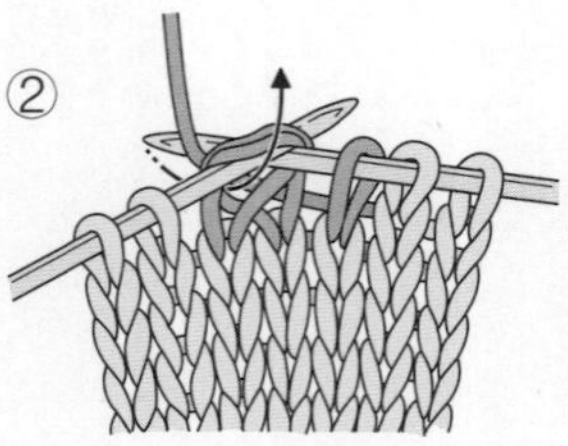

接下来的2针编织下针。

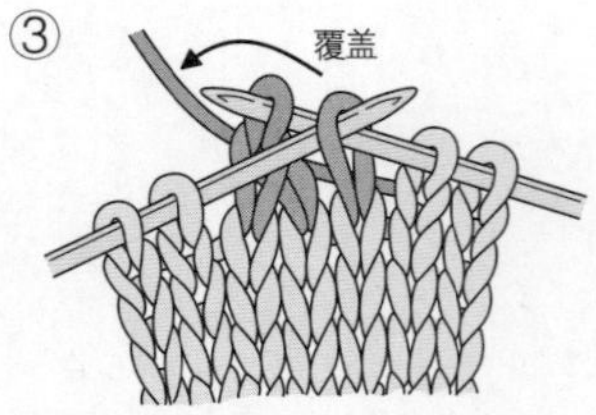

用步骤①的针目盖住步骤②的针目。

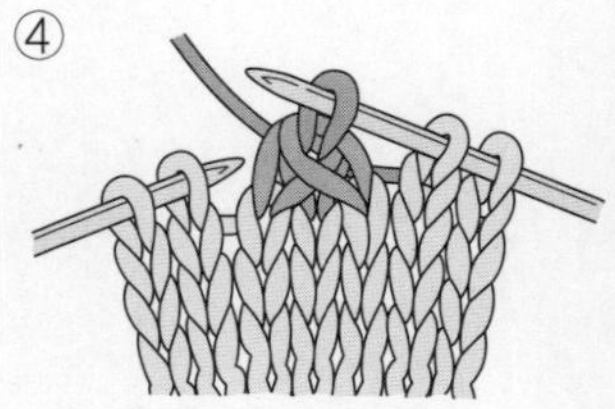

右上3针并1针完成。

14

p.18

●**材料** Ski Sofia（中细）银紫色（220）220g/8团

●**工具** 钩针4/0号、3/0号、5/0号（起针用）

●**成品尺寸** 胸围94cm，衣长60cm（后身片）、55cm（前身片），连肩袖长30cm

●**编织密度** 10cm×10cm面积内：编织花样27针，15行

●**编织要点** 用5/0号针钩织罗纹绳起针，挑起锁针的2根线，做编织花样。下摆开衩止位之前，编织花样的起点和终点要钩织2针长长针。开衩处后身片钩织16行，前身片钩织8行，然后在左右两端减1针。袖下加针参照图1钩织，前领窝参照图2钩织。肩部钩织引拔针和锁针接合，胁部和袖下钩织引拔针和锁针接合。下摆做边缘编织A，衣领和袖口做边缘编织B，均环形编织。编好后，拉伸七宝针并用珠针固定，然后用蒸汽熨斗轻轻地熨烫定型。

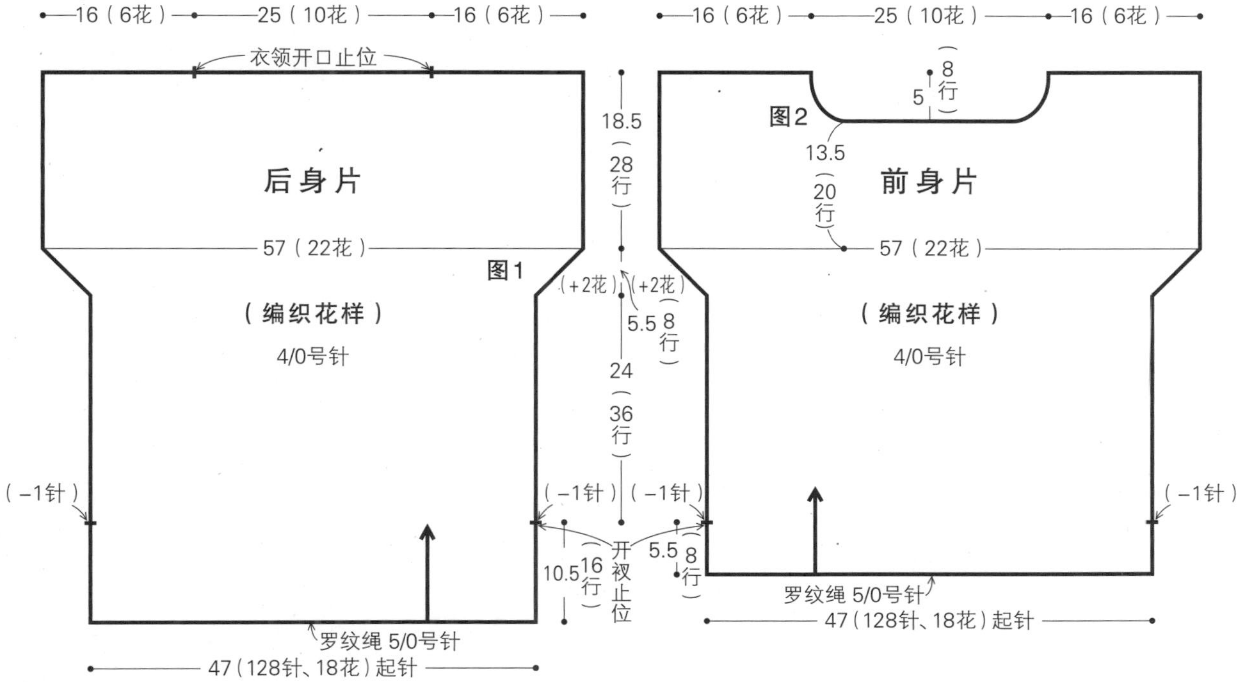

※ 花 = 个花样

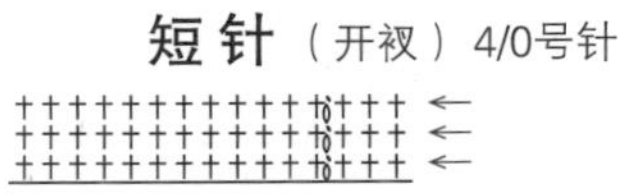

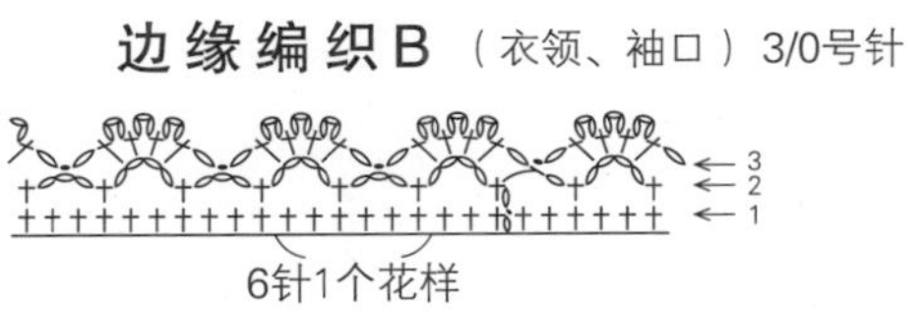

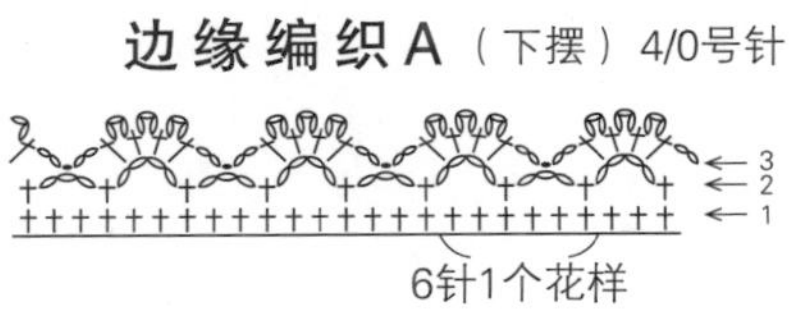

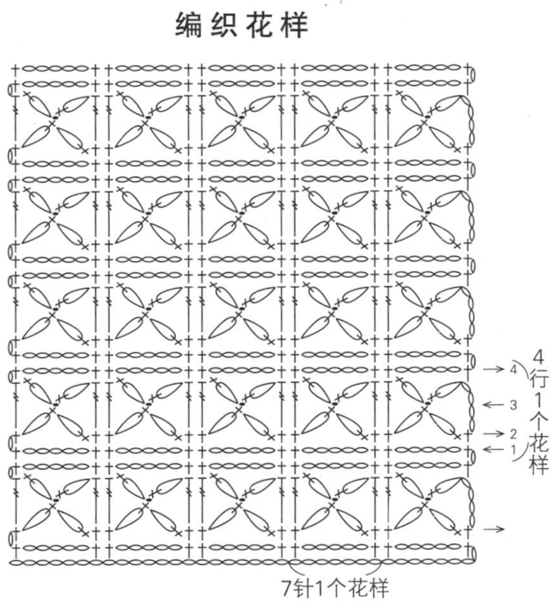

七宝针

①
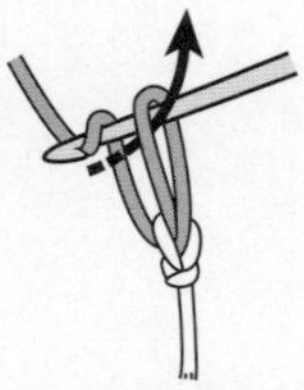

将锁针第2针拉长，将线拉出。

②

插入拉长的针目的里山，将线
拉出。

③
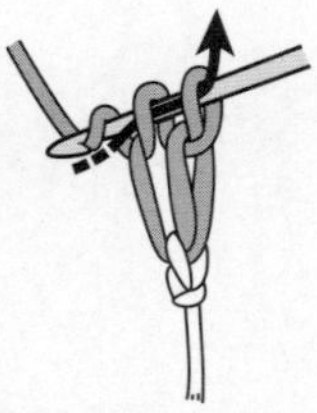

如箭头所示引拔，钩织短针。
完成了1针。

④
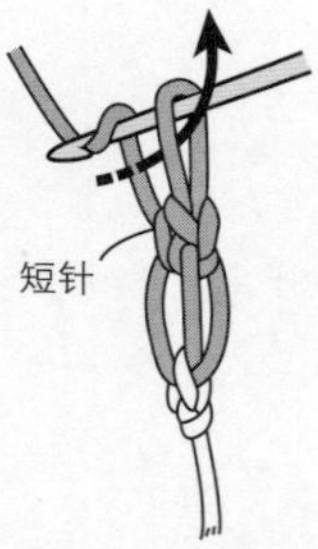

将针目拉长，重复步骤②、③，
钩织第2针。

编织花样

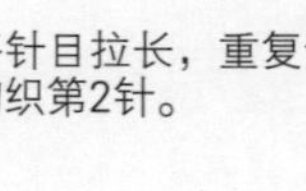

下一行向前一行短针的位置引拔。
2行为1个花样。

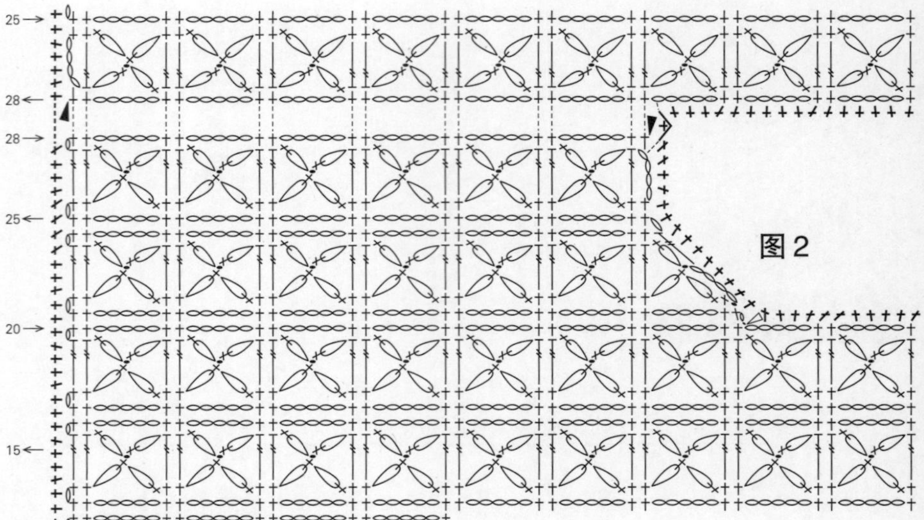
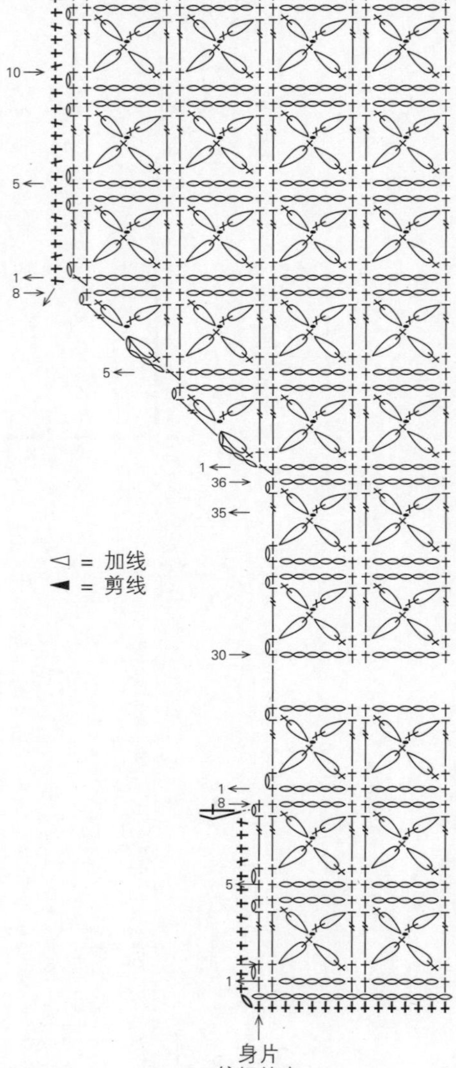

图2

◁ = 加线
◀ = 剪线

罗纹绳

①
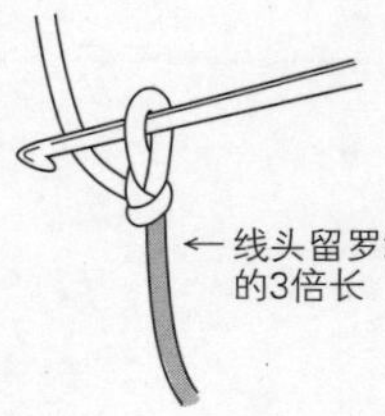

②
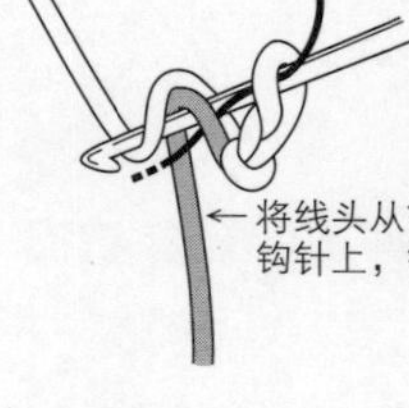

③ 钩织至所需要的长度

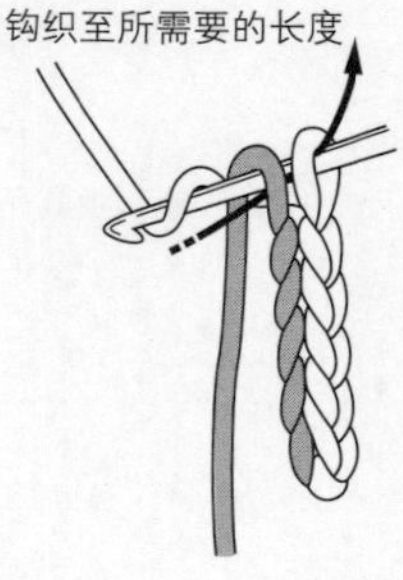

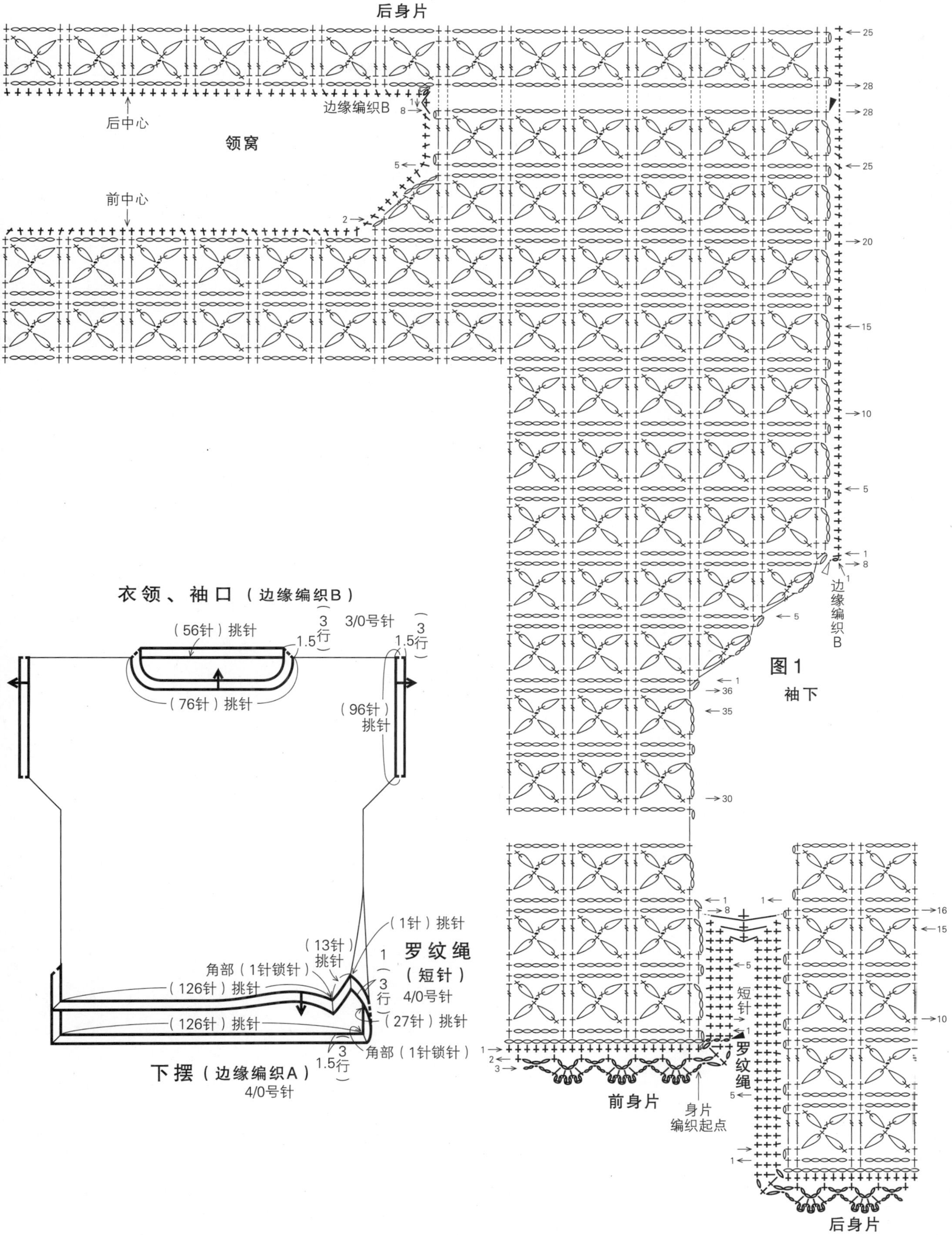
后身片
后中心
领窝
边缘编织B
前中心
边缘编织B
图1
袖下
短针
罗纹绳
前身片
身片
编织起点
后身片
衣领、袖口（边缘编织B）
（56针）挑针
3行
3/0号针
1.5
（76针）挑针
（96针）挑针
（1针）挑针
（13针）挑针
角部（1针锁针）
（126针）挑针
罗纹绳
（短针）
4/0号针
（27针）挑针
角部（1针锁针）
下摆（边缘编织A）
4/0号针

19

p.23

●**材料**　Ski Yuusari（中细）棕色（906）260g/9团

●**工具**　钩针5/0号

●**成品尺寸**　胸围98cm，衣长50cm，连肩袖长27cm

●**编织密度**　1个花样7.5cm×10cm 15行

●**编织要点**　锁针起针，挑起锁针的半针和里山，做编织花样。前后身片形状相同，不加减针，编织四边形织片。注意，先编织的一侧为前身片，后编织的后身片的最终行和前身片肩部钩织引拔针连接。胁部钩织引拔针和锁针接合至袖口开口止位，下摆环形做边缘编织A。袖口做边缘编织B，衣领做边缘编织C，均环形编织。

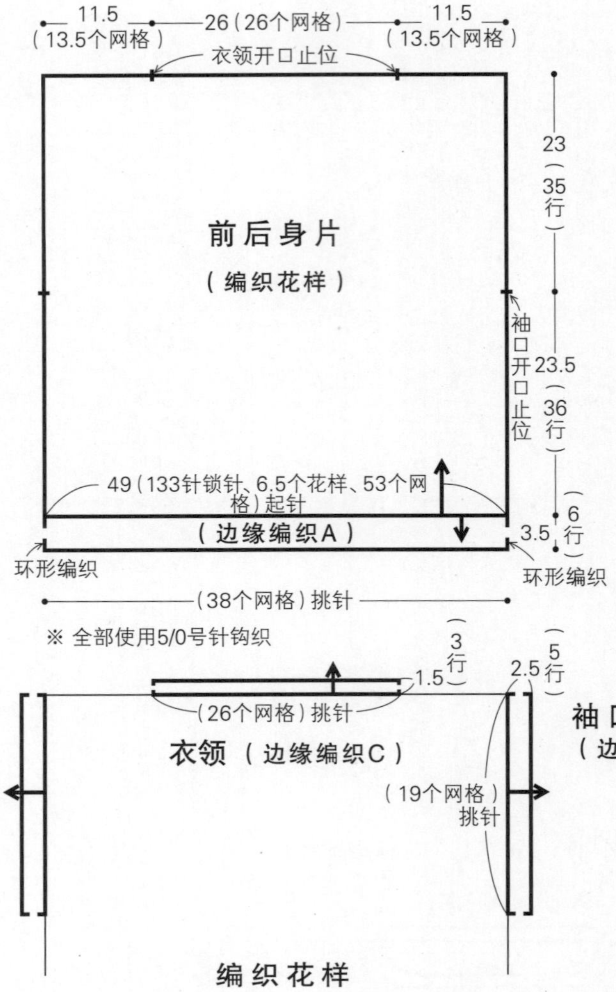

编织花样

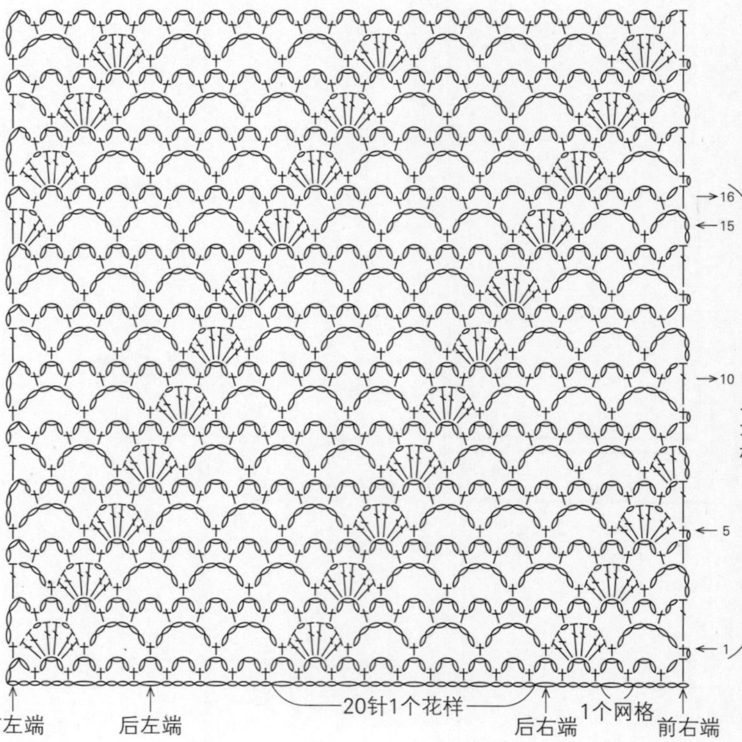

边缘编织C（衣领）

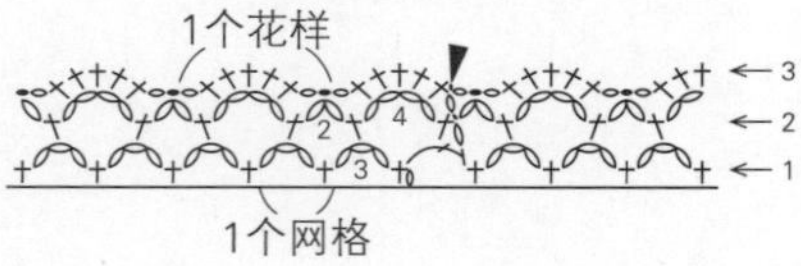

边缘编织B（袖口）

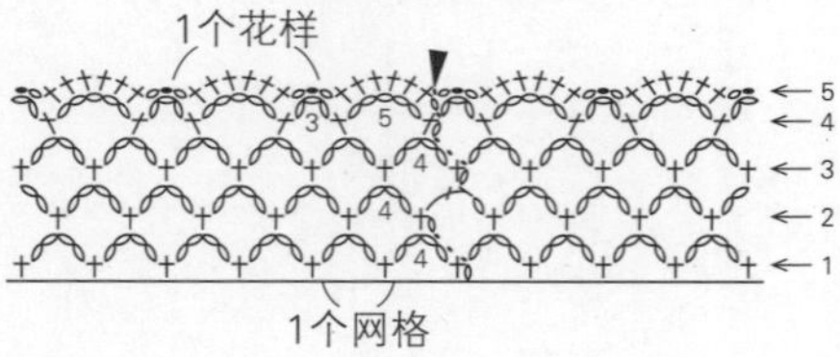

边缘编织A（下摆）

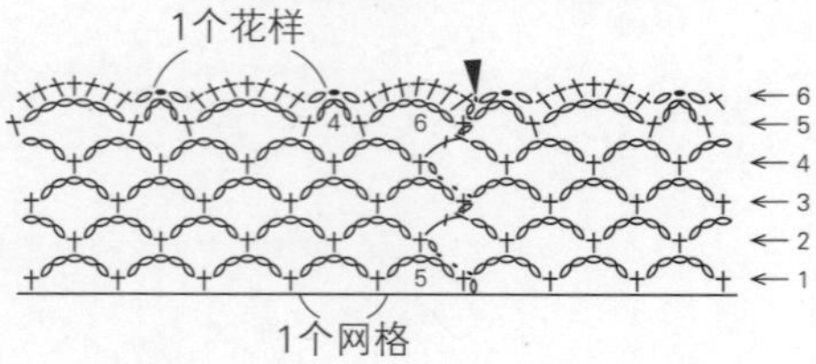

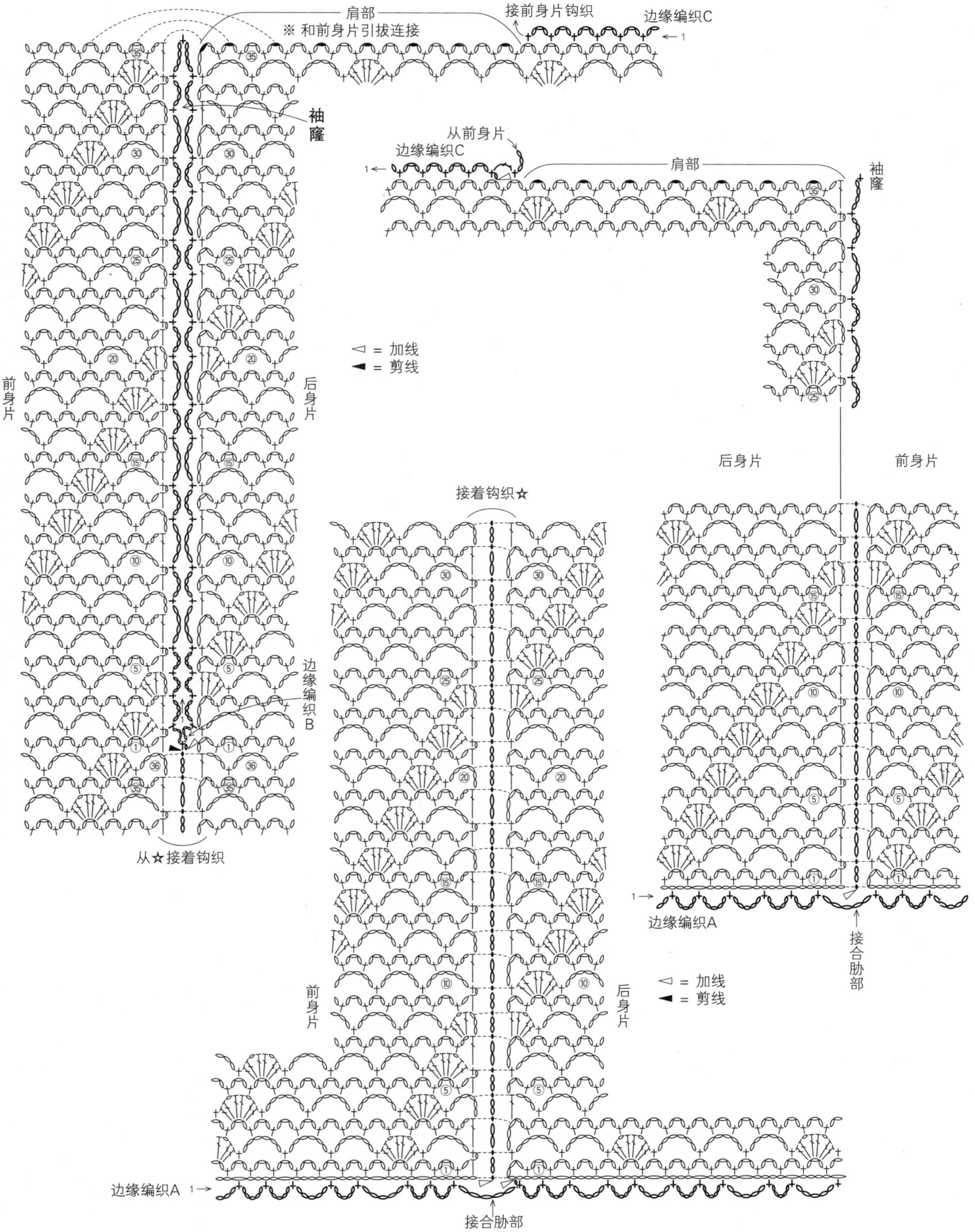

肩部
※ 和前身片引拔连接
接前身片钩织
边缘编织C
袖窿
从前身片
边缘编织C
肩部
袖窿
◁ = 加线
◀ = 剪线
前身片
后身片
边缘编织B
从☆接着钩织
后身片
前身片
接着钩织☆
边缘编织A
接合胁部
◁ = 加线
◀ = 剪线
前身片
后身片
边缘编织A
接合胁部

21

p.25

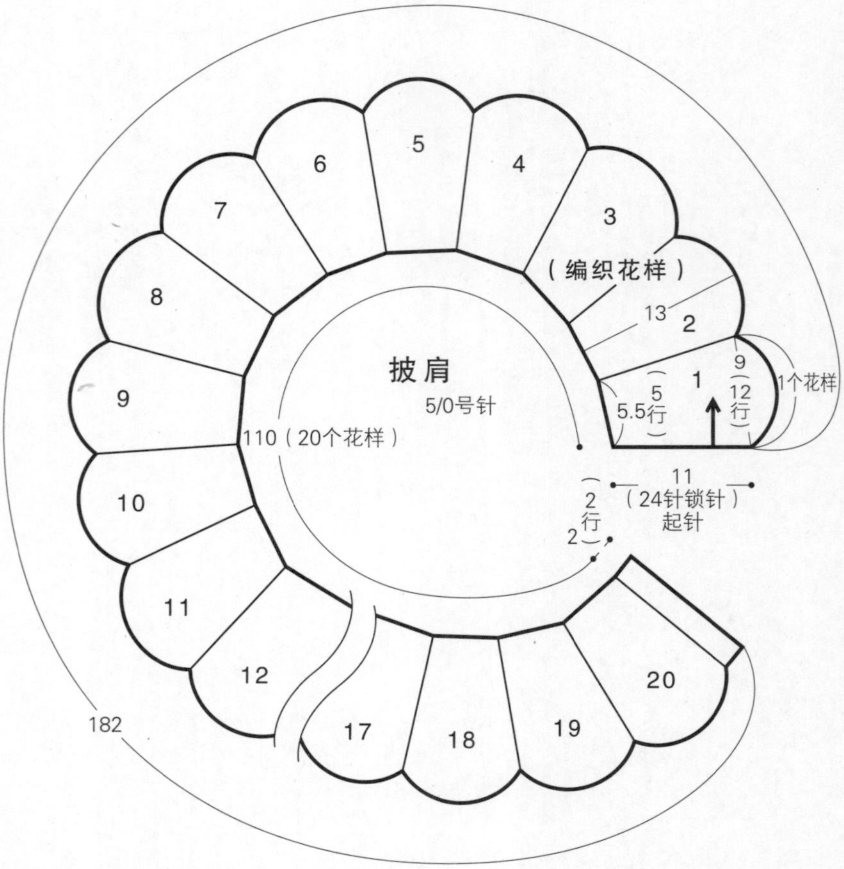

●**材料** Ski Vega（粗）混合浆果色（1102）75g/3 团

●**工具** 钩针 5/0 号

●**成品尺寸** 宽 13cm，长 112cm（内侧）

●**编织密度** 1 个花样 最高处 13cm，内侧边 5.5cm，外侧边 9cm

●**编织要点** 锁针起针，挑起锁针的半针和里山，做编织花样。1 个花样编织 12 行，但内侧编织 5 行，在锁针上钩织长针时，除第 1 行以外均要整段挑起。重复编织 20 个花样，最后编织 2 行编织花样。

●**作品 3 上接 p.42**

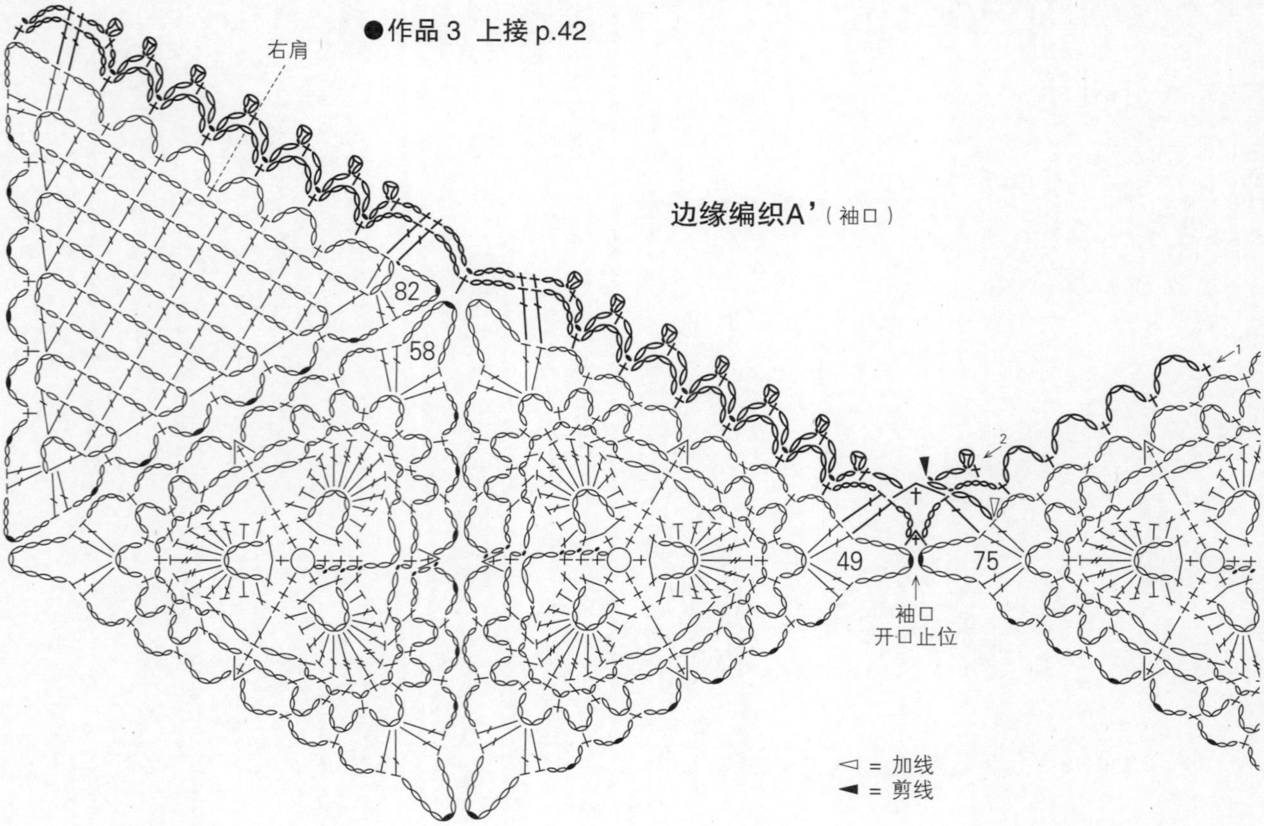

编织花样

※ 在锁针上钩织长针时，除起针之外，都要整段挑起

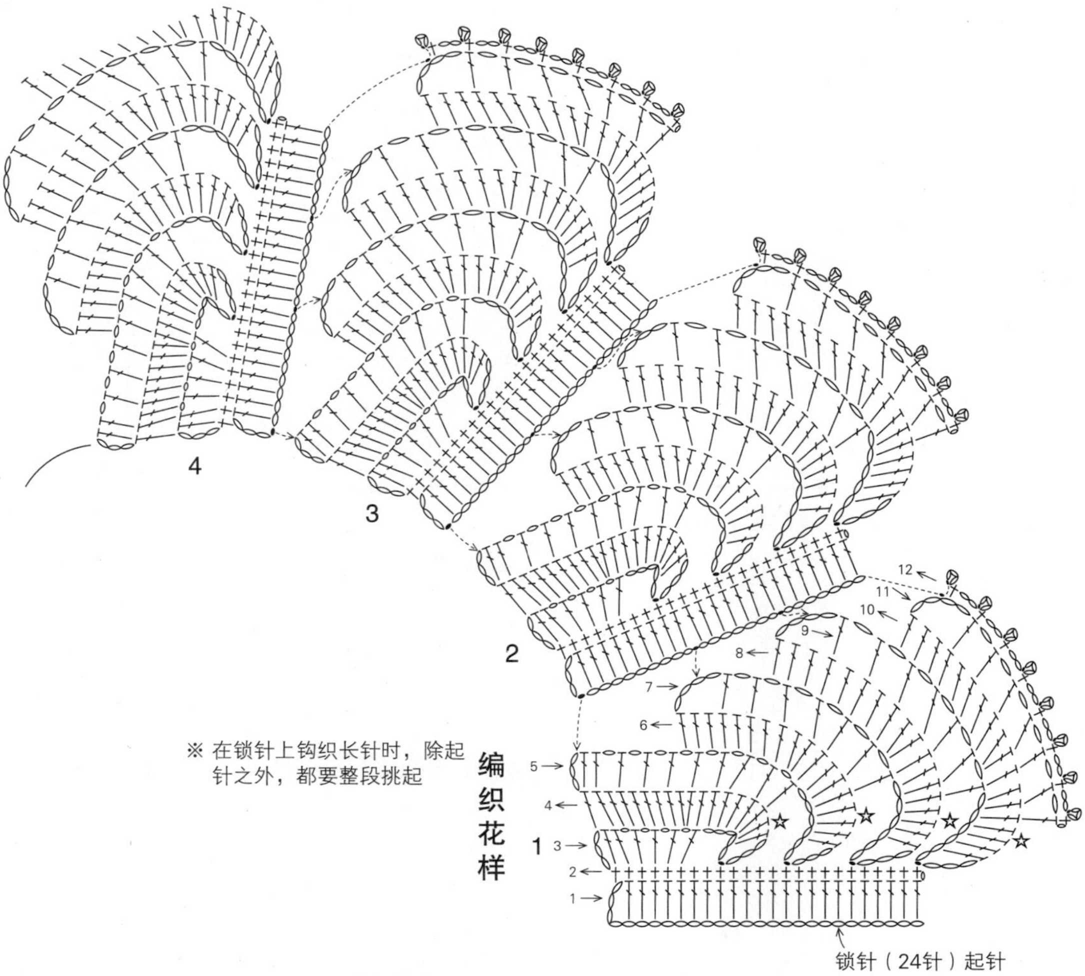

☆ = 长针（18针）

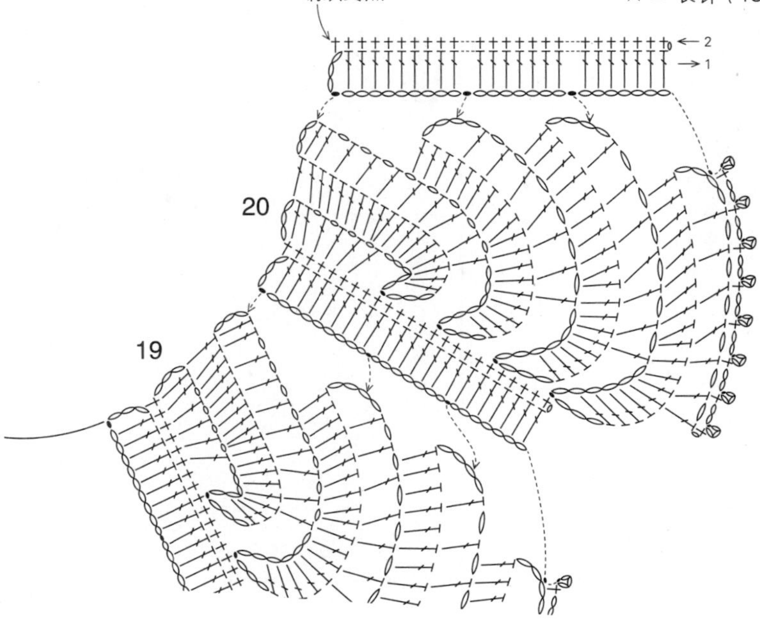

23

p.27

●材料 Ski Cagall（中细）海军蓝色系（1907）260g/9 团

●工具 钩针 5/0 号

●成品尺寸 胸围 106cm，衣长 53cm，连肩袖长 45.5cm

●编织密度 10cm×10cm 面积内：编织花样 25.5 针，12.5 行

●编织要点 以腋下为中心钩织 90° 角的六边形花片。环形起针，一边按照图示在 6 处加针，一边编织长针和锁针组成的编织花样。袖子和肩部编织 22 行后，剪断线。这样就完成了身片的一部分和袖子。加线，前后中心和下摆连在一起编织 9 行，再次剪断线。钩织左右 2 片，后中心和肩部分别正面相对对齐，钩织引拔针和锁针接合。下摆将前后身片连在一起编织 9 行编织花样。衣领做边缘编织 B，然后将前门襟和下摆连在一起做边缘编织 A。袖口环形做边缘编织 A。

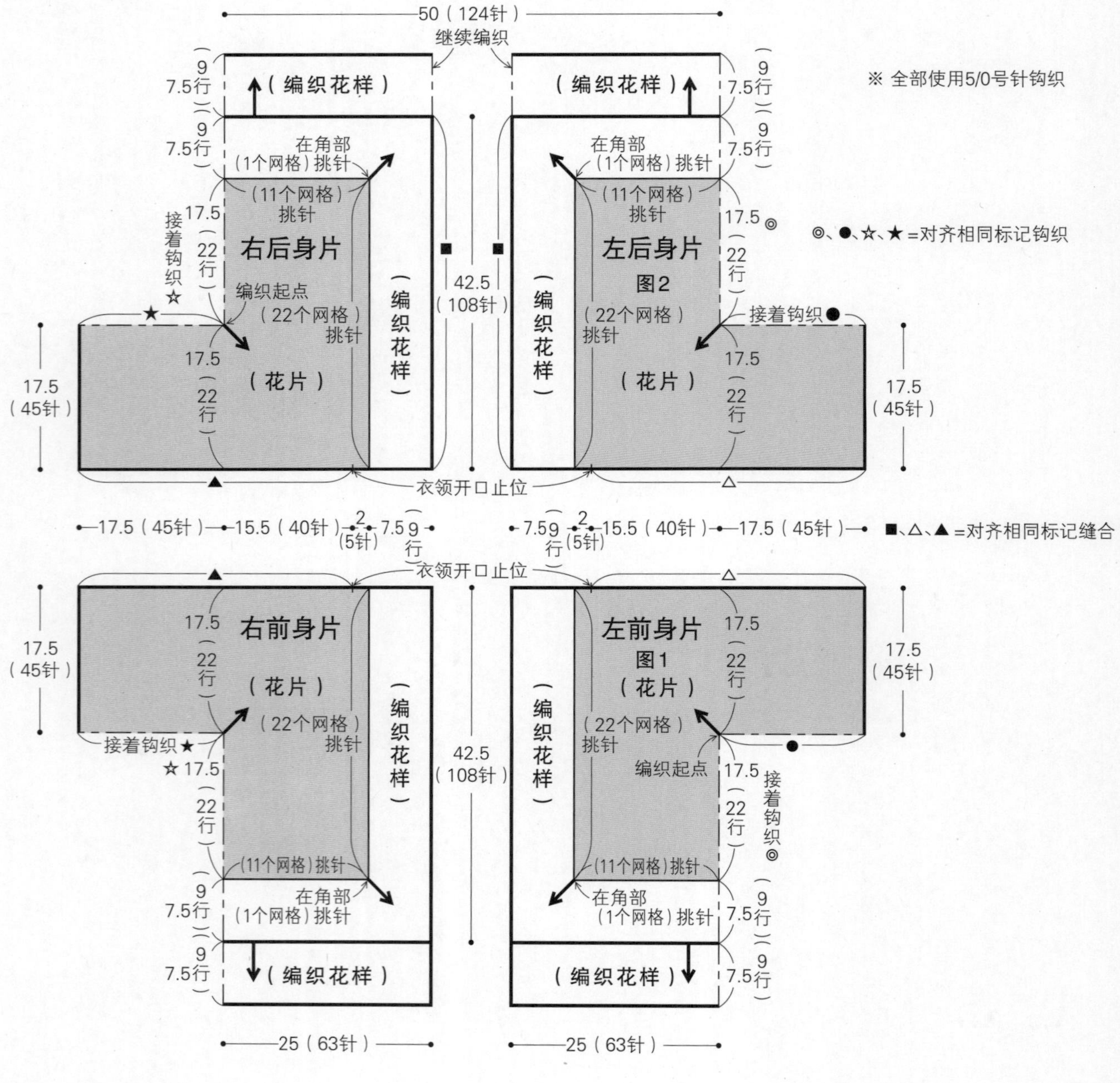

边缘编织B（衣领）

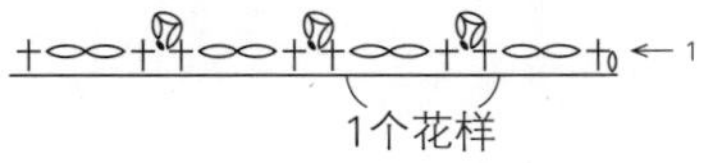

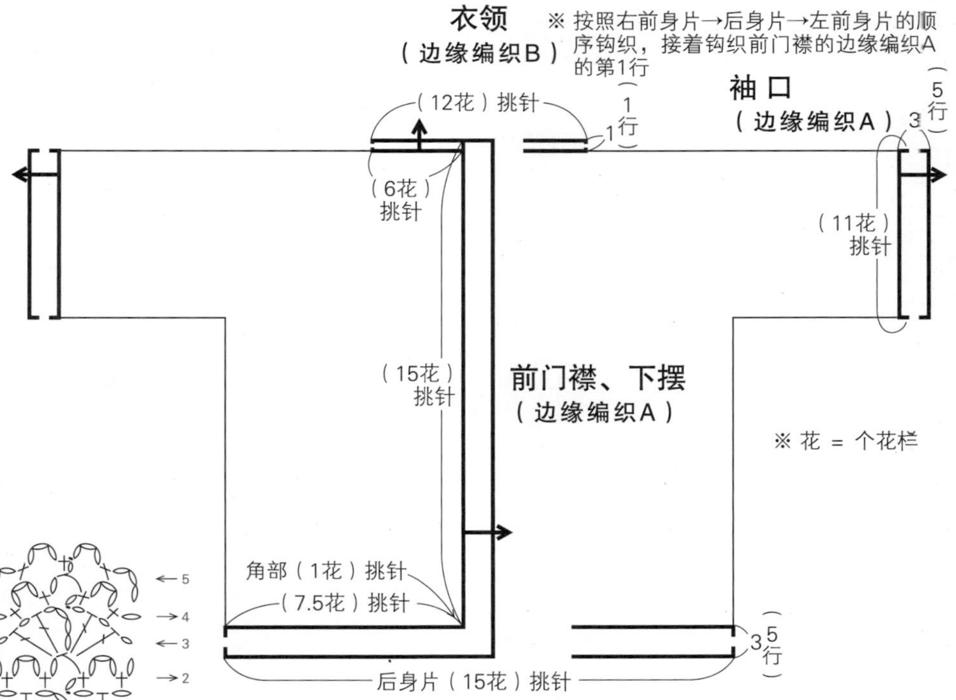

边缘编织A（袖口）

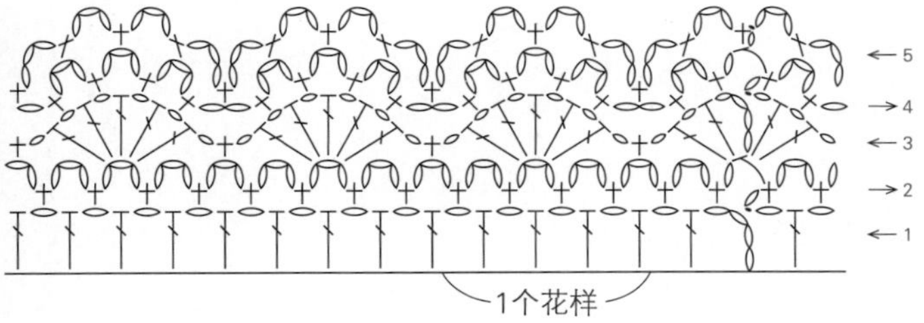

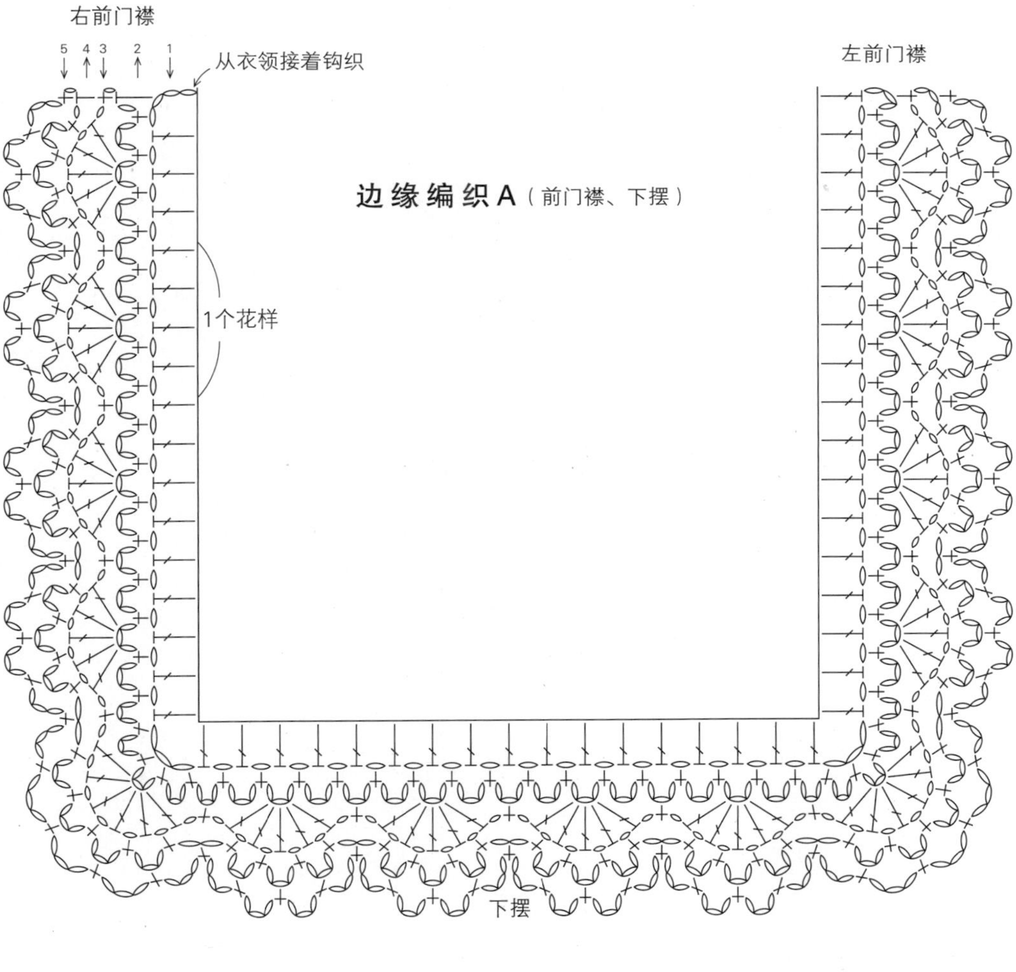

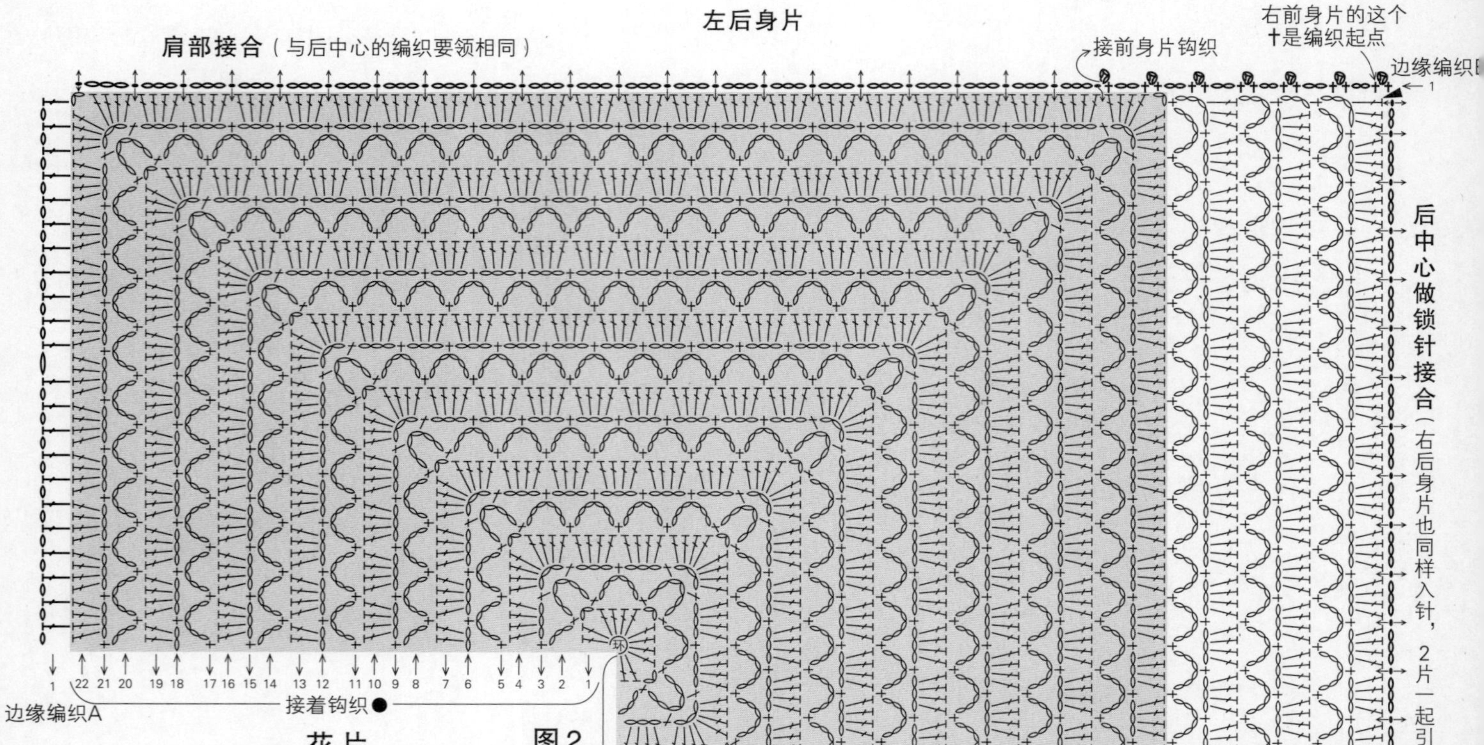

图2

◁ = 加线
◀ = 剪线

花片的钩织方法

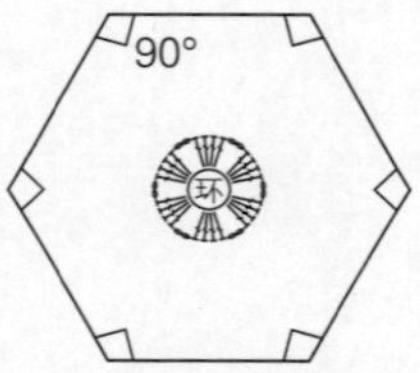

从六边形开始钩织
钩织22行
（实际效果是每个角都是90°的六边形，织物呈喇叭状展开）

↓

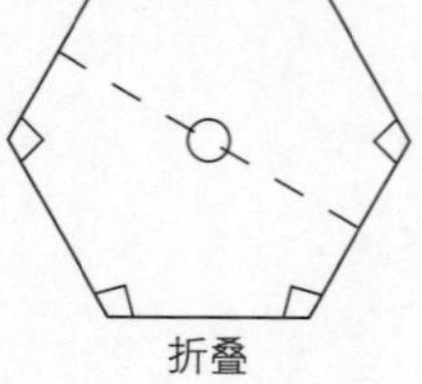

折叠

↓

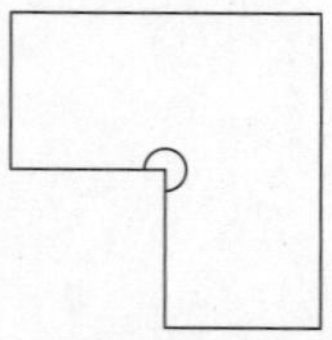

变成这种形状

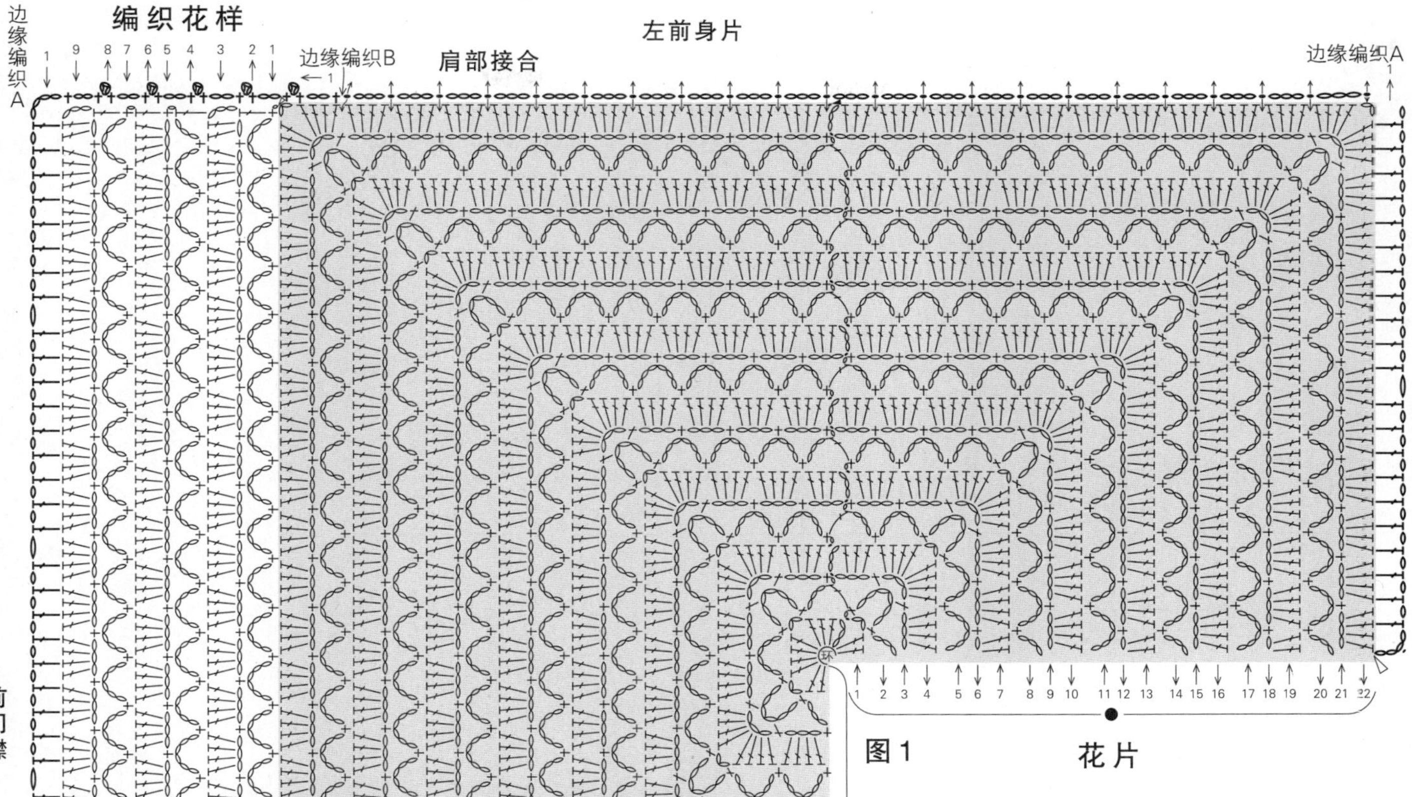
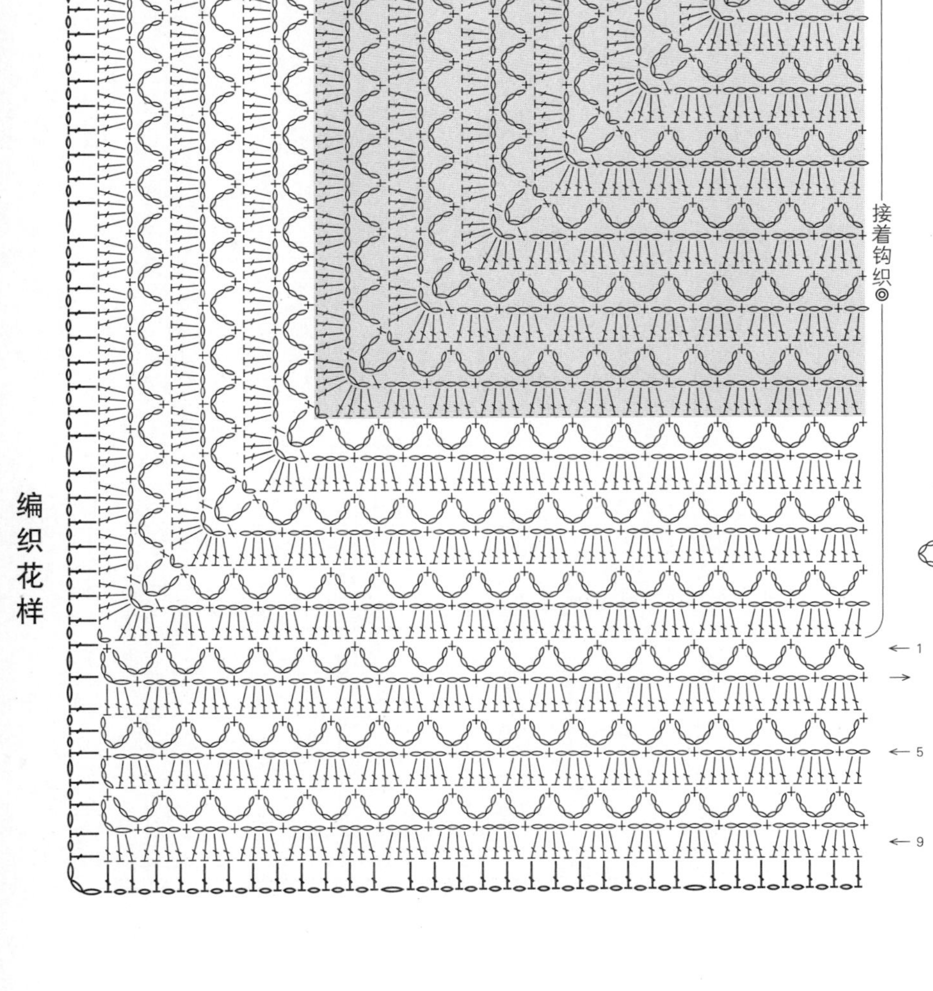
编织花样
左前身片
肩部接合
边缘编织A
边缘编织B
边缘编织A
前门襟
编织花样
接着钩织
图1
花片
1 9 8 7 6 5 4 3 2 1
1 2 3 4 5 6 7 8 9 10 11 12 13 14 15 16 17 18 19 20 21 22
1 5 9

花片的编织起点 1~5行

环
① ② ③ ④ ⑤

24

p.28

●**材料** Ski Mirinae（粗）青铜色（1626）280g/10 团，直径 1.5cm 的纽扣 7 颗

●**工具** 棒针 5 号、3 号

●**成品尺寸** 胸围 98.5cm，衣长 55cm，连肩袖长 43cm

●**编织密度** 10cm×10cm 面积内：下针编织 21.5 针，28 行

●**编织要点** 从育克开始向下摆方向编织。育克共线锁针起针，横向编织。一边做引返编织，一边按照图示做编织花样，最后做伏针收针。后身片从育克的指定位置挑针，前后身片相差 8 行，往返做下针编织。腋下另线锁针起针挑针编织。下摆按照图示编织挂针加针和扭针加针，做编织花样 B，第 19 行编织扭针加针，最终行编织扭针的单罗纹针，做罗纹针收针。左右前身片也从育克挑针，做下针编织和编织花样 B。衣袖从育克和身片指定位置挑针，做下针编织和扭针的单罗纹针。袖下在端头 1 针内侧减针。袖下分别使用毛线缝针做挑针缝合至胁部开衩止位，衣领和前门襟编织扭针的单罗纹针，做单罗纹针收针。

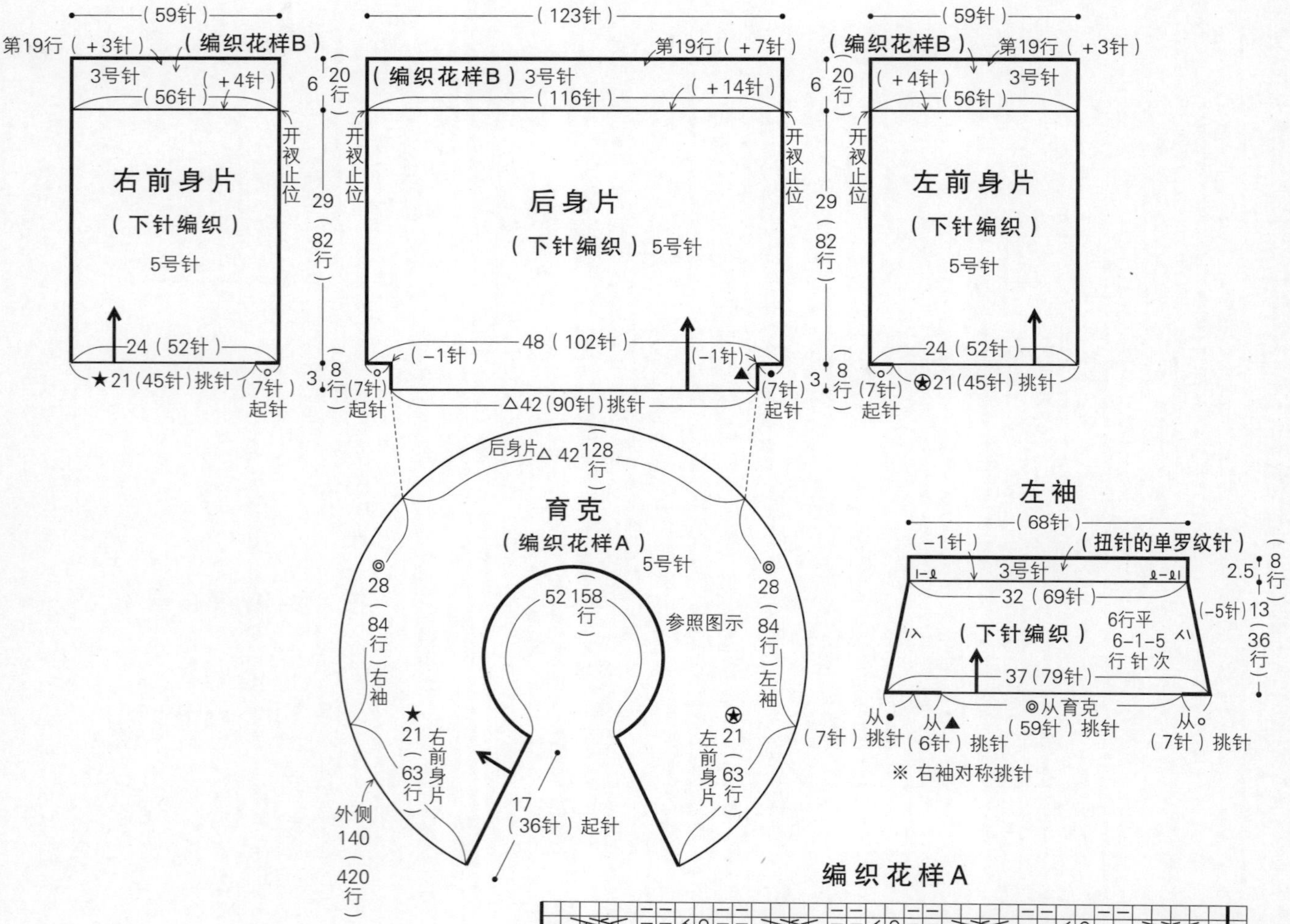

编织花样A

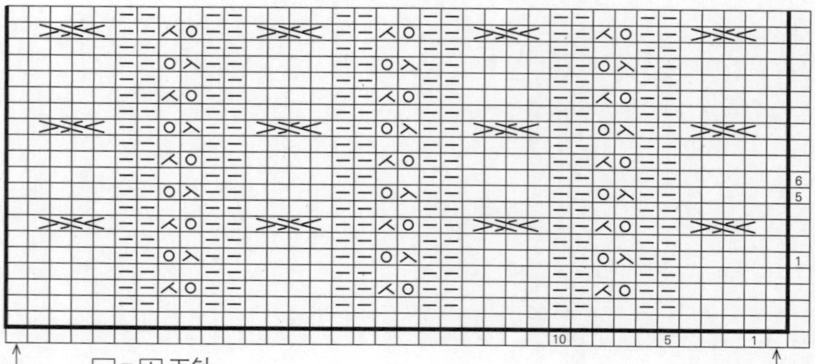

编织终点　□=□ 下针　编织起点

※编织花样A是引返编织而成的，因此右上2针交叉（6行1个花样）有时会不在同一行操作，挂针和2针并1针（4行1个花样）在同一行有时也会不同，要仔细看清楚花样的针法

育克的引返编织

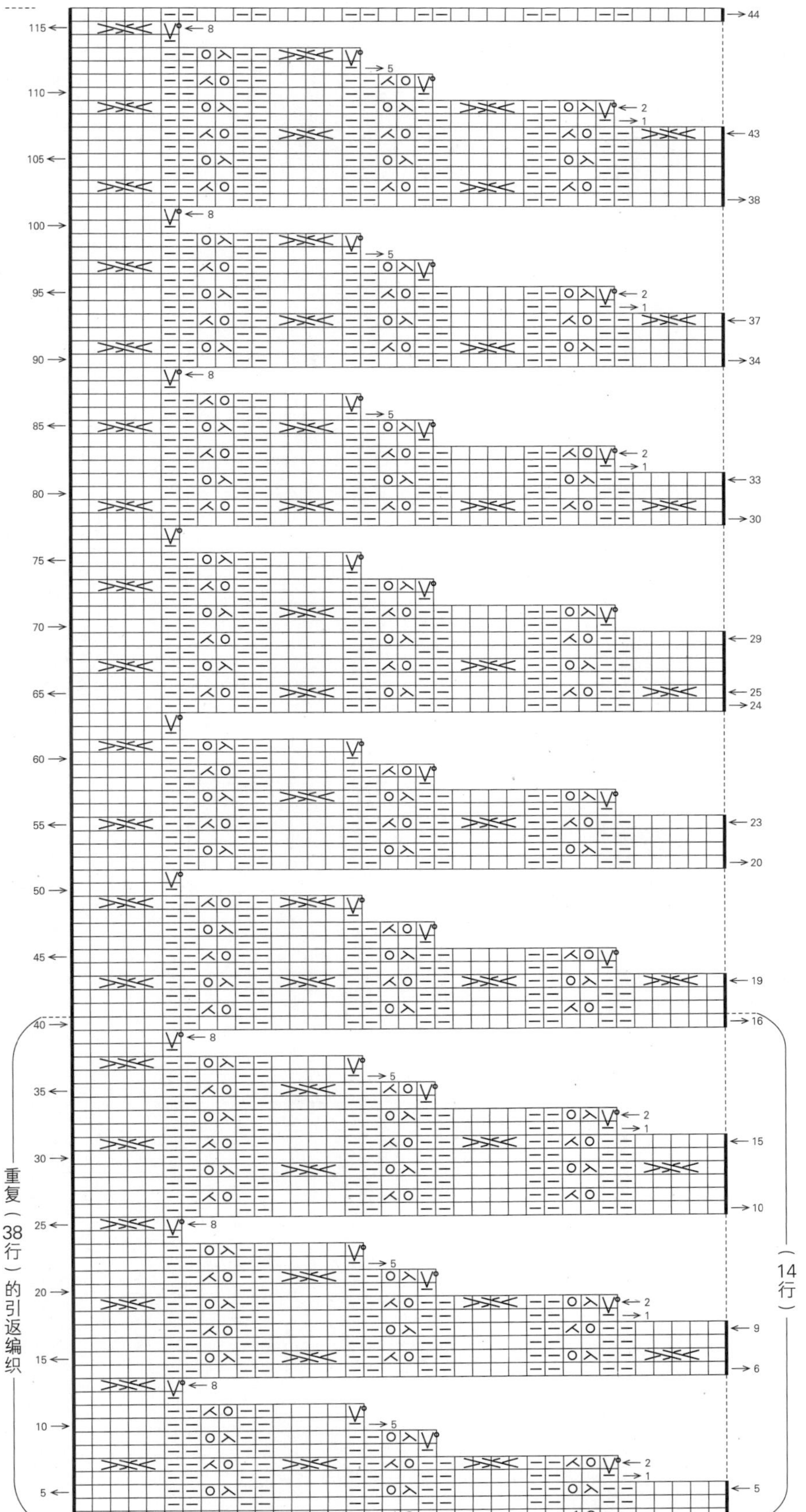

□＝⊡ 下针

衣领、前门襟（扭针的单罗纹针）

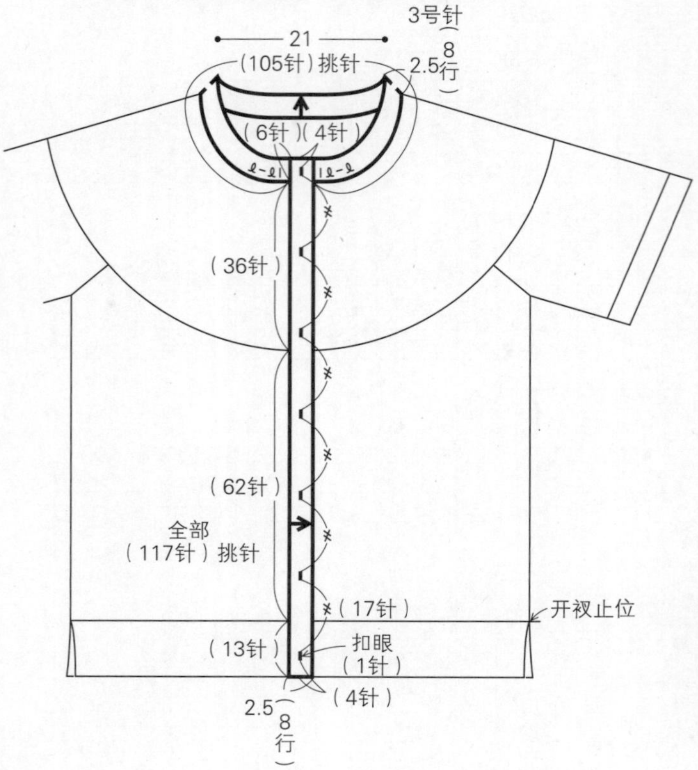

扭针的单罗纹针

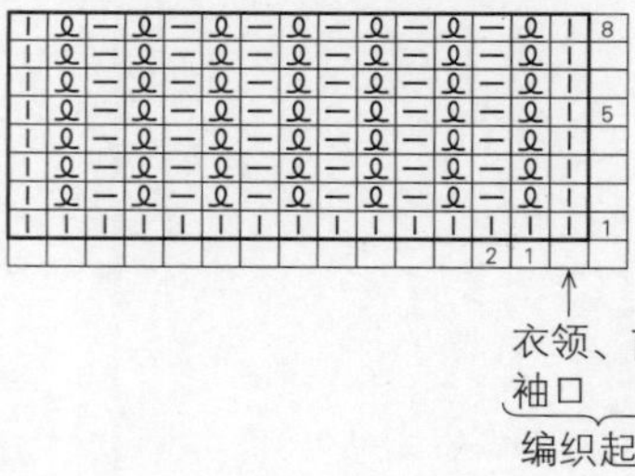

扣眼（右前门襟）

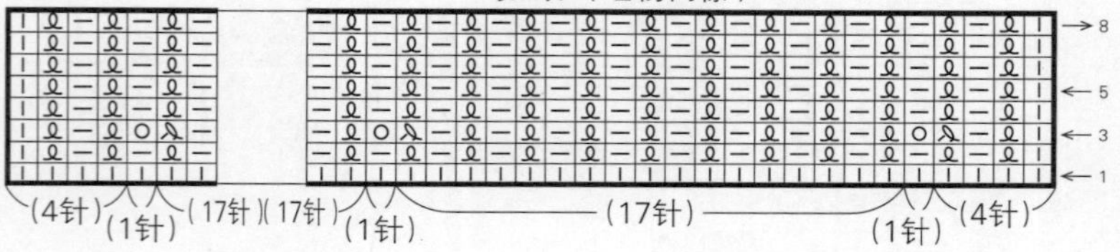

编织花样B

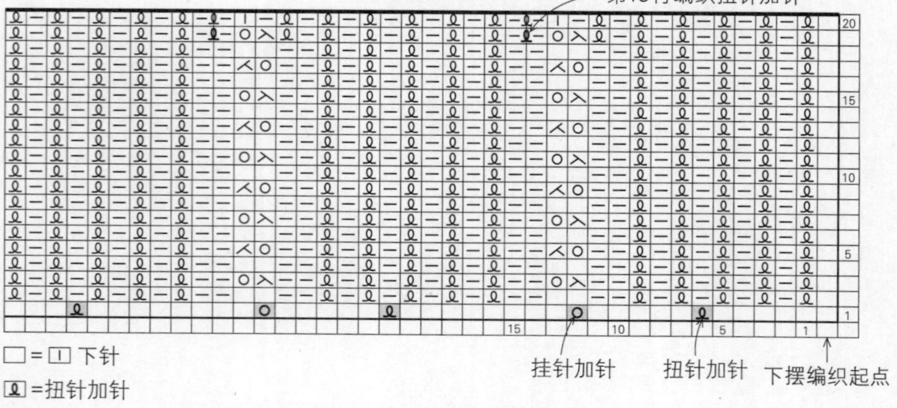

※优先使用挂针加针

16

p.20

●材料 Ski Cotton Linen ~夏衣~（中细）绿松石色（1055）225g/8团

●工具 钩针3/0号

●成品尺寸 胸围100cm，衣长54cm，连肩袖长27.5cm

●编织密度 10cm×10cm面积内：编织花样31.5针，8.5行

●编织要点 锁针起针，挑起锁针的里山，做编织花样。编织花样的2针长针的枣形针和2针3卷长针的枣形针是斜着的，为避免织片紧凑，要将针目拉得长长的。斜肩参照图1钩织，后领窝参照图2钩织，前领窝参照图3钩织。前后肩部钩织引拔针和锁针接合，胁部钩织引拔针和锁针接合至袖口开口止位。下摆做边缘编织A，袖口做边缘编织A'，衣领做边缘编织B，均环形编织。

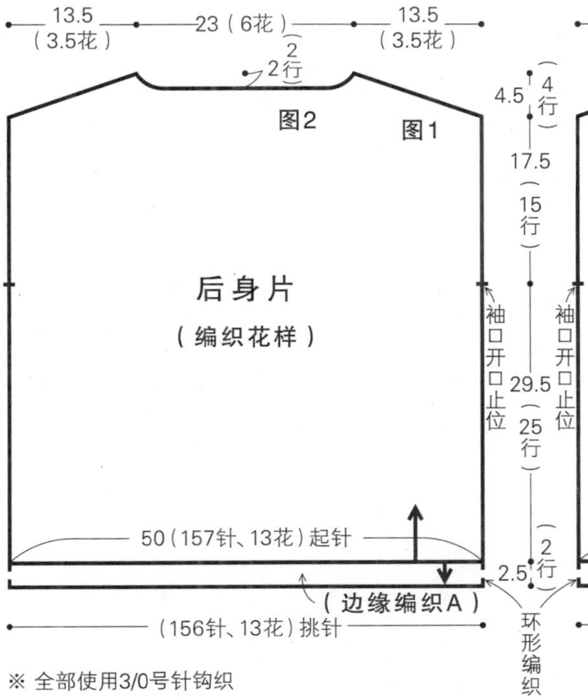

※ 全部使用3/0号针钩织

※ 花 = 个花样

边缘编织A（下摆）

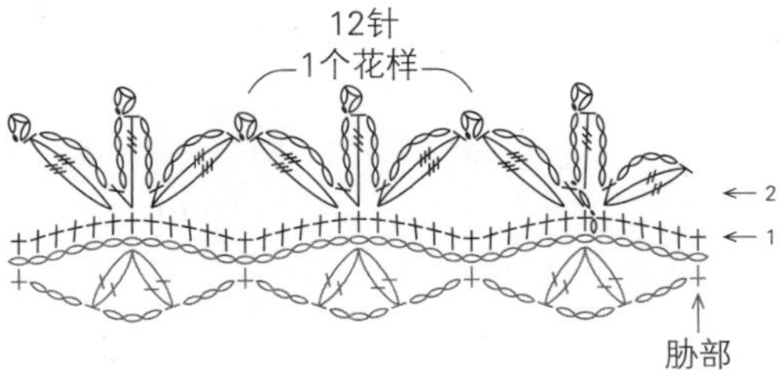

编织花样

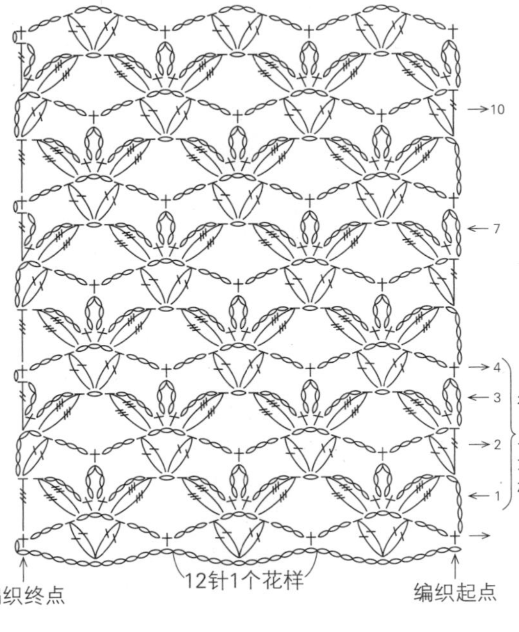

后领窝 图2

斜肩 图1

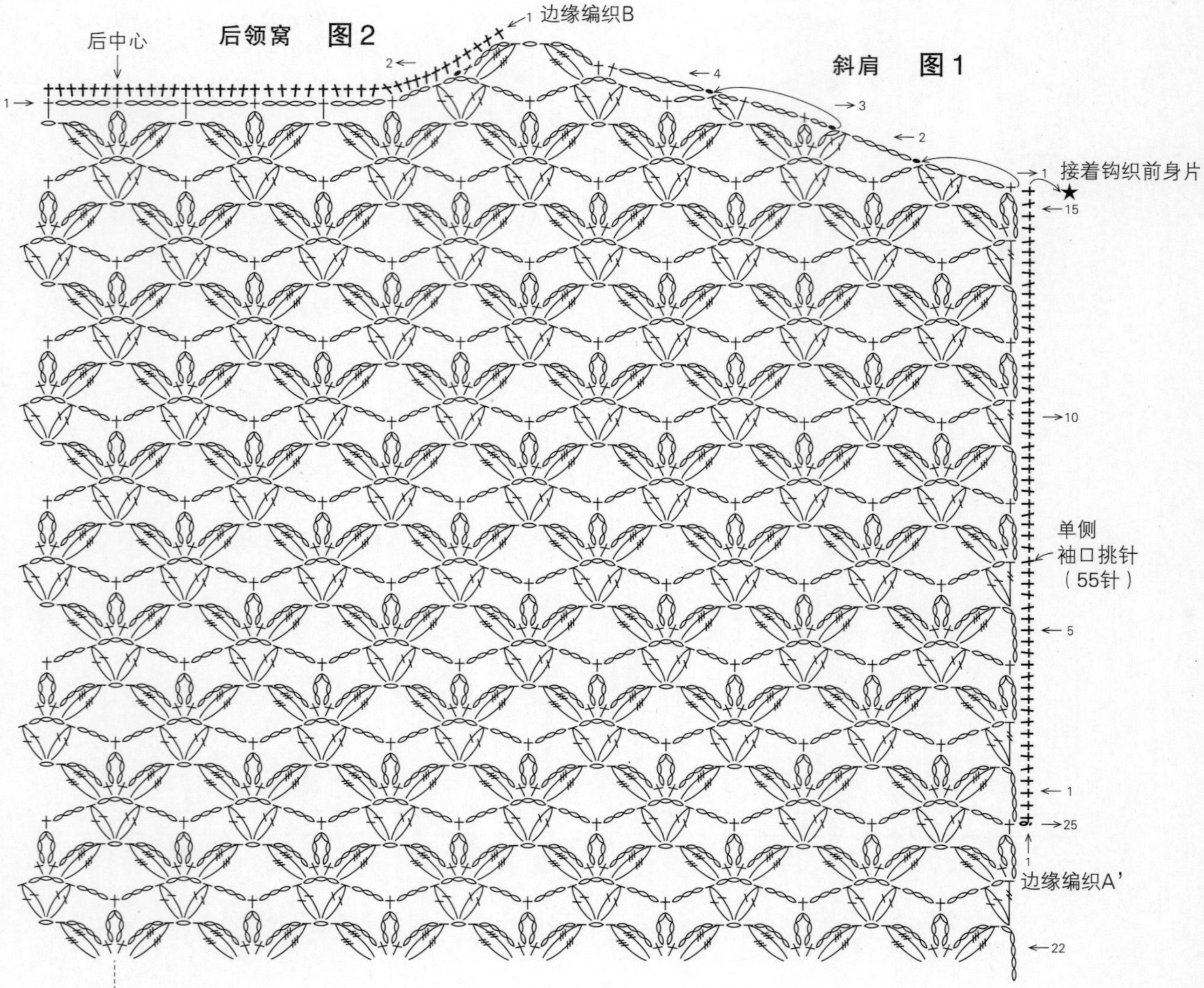

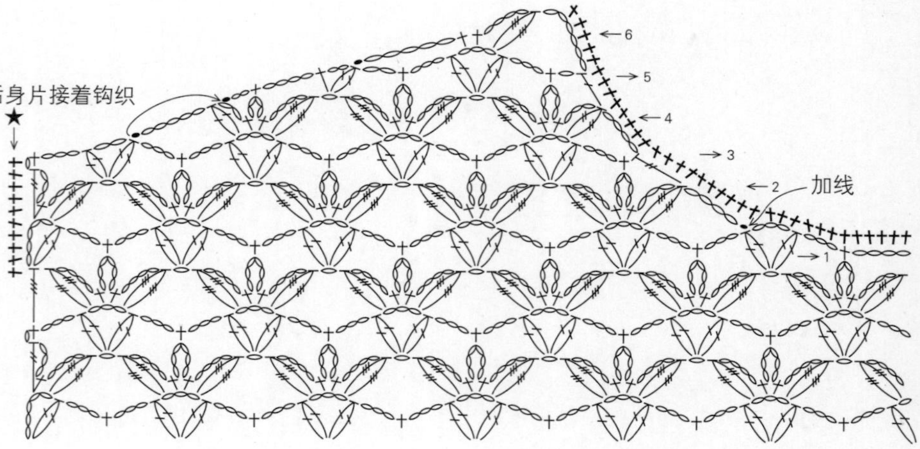

衣领（边缘编织B）

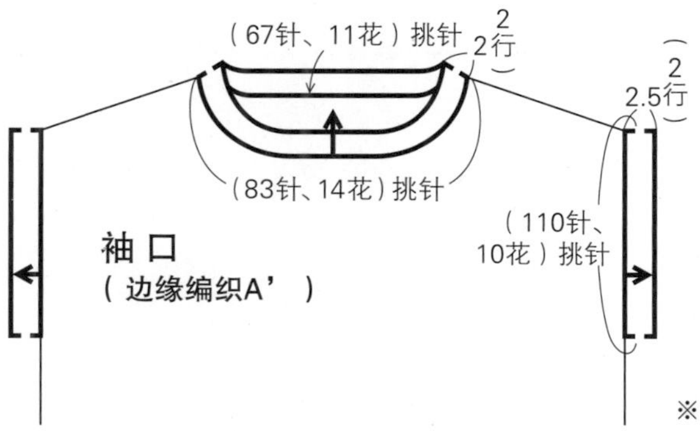

※花＝个花样

边缘编织B（衣领）

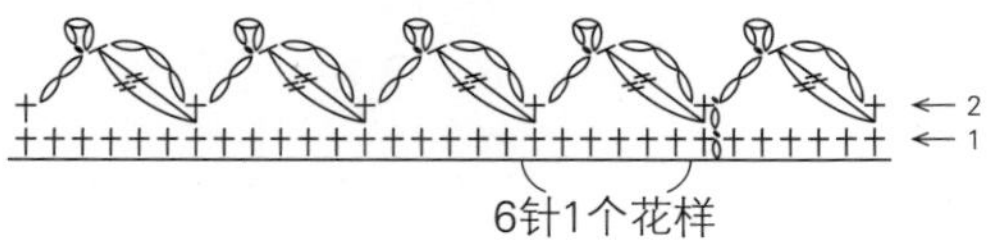

边缘编织A'（袖口）

◁ = 加线
◀ = 剪线
⤳ = 渡线

前领窝　图3

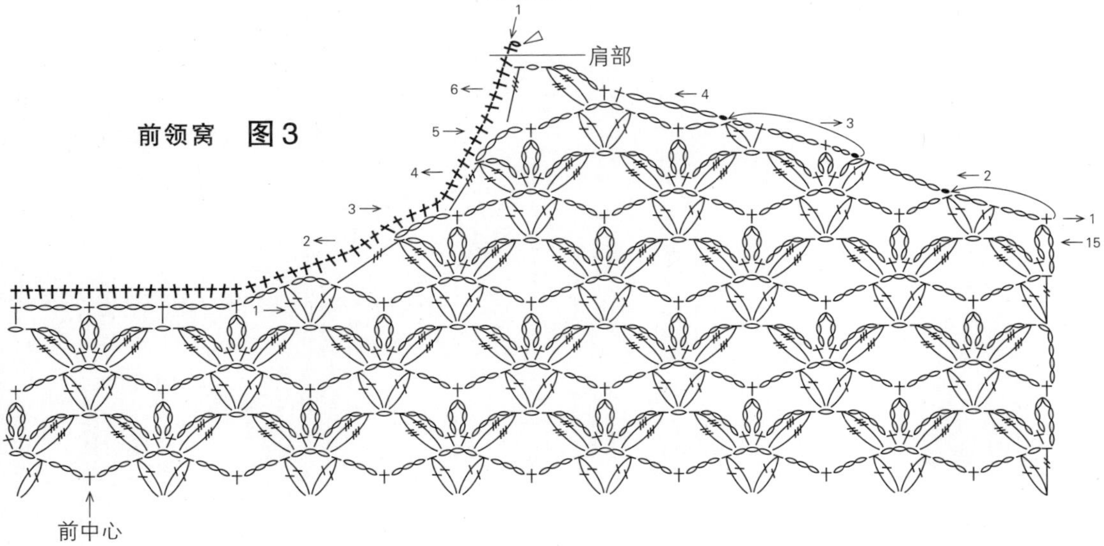

25

p.29

●**材料**　Ski Linen Silk（中细）灰蓝色（1411）230g/10 团，直径 2.3cm 的纽扣 1 颗

●**工具**　钩针 3/0 号

●**成品尺寸**　胸围 98cm，衣长 50cm，连肩袖长 59.5cm

●**编织密度**　1 个编织花样 3cm×5.3cm

●**编织要点**　前后身片、衣袖均锁针起针，挑起锁针的里山，不加减针地做编织花样。编织花样中很像银杏叶的部分是由 4 卷长针、3 卷长针、长长针、长针组合而成的，要注意拉线的力度。另外，从编织花样前一行的锁针中挑针时，要整段挑起。衣袖最终行不编织 5 针锁针的狗牙针，只做方眼编织。前后肩部钩织短针和锁针接合，胁部和袖下、袖子与身片之间钩短针和锁针接合。下摆做边缘编织 A，前门襟和衣领边缘做边缘编织 B，衣领上部继续做边缘编织 A。

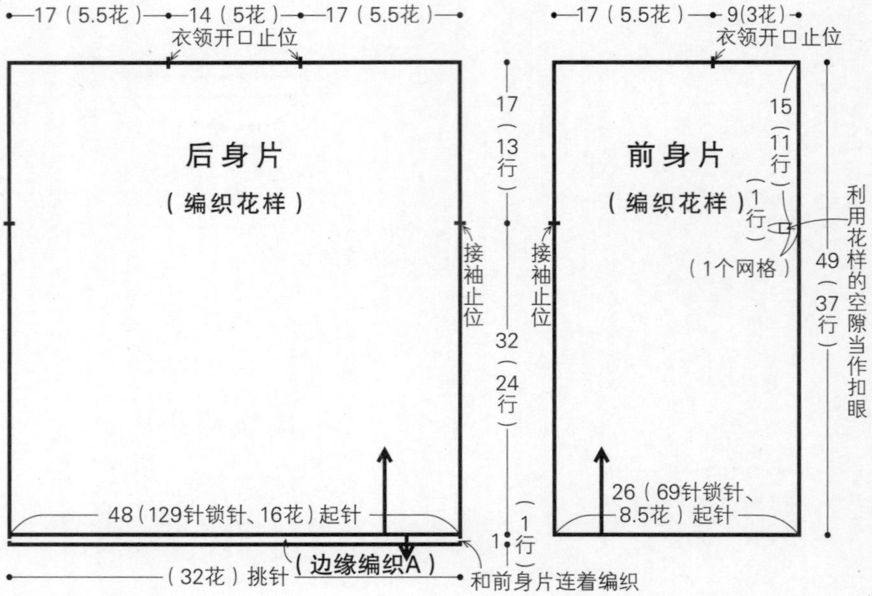

※ 花 = 个花样

※ 全部使用3/0号针钩织

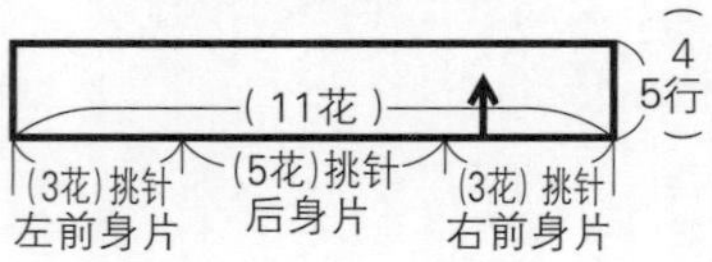

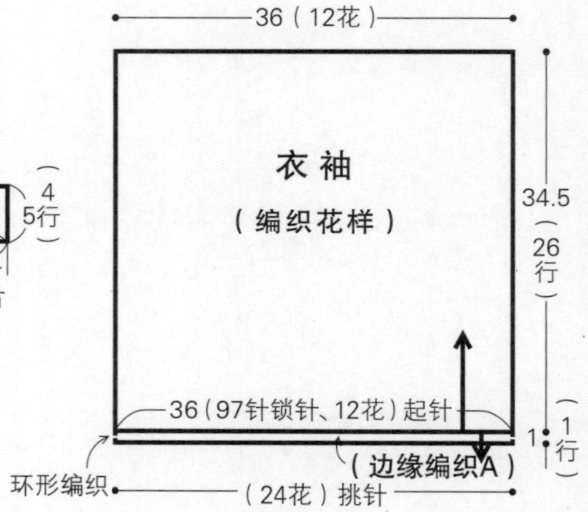

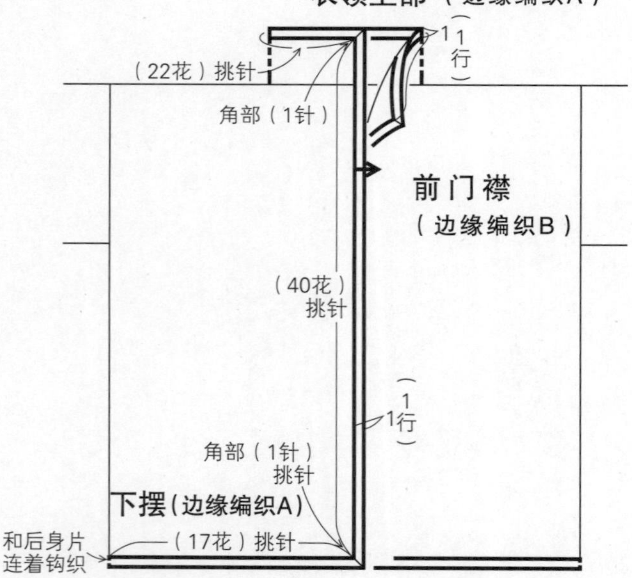

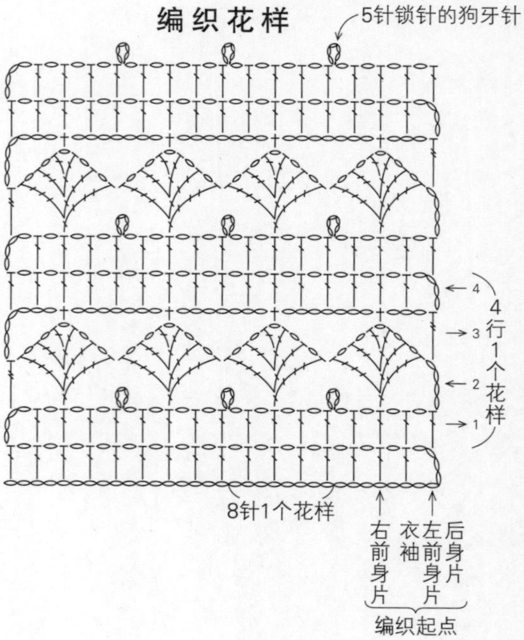

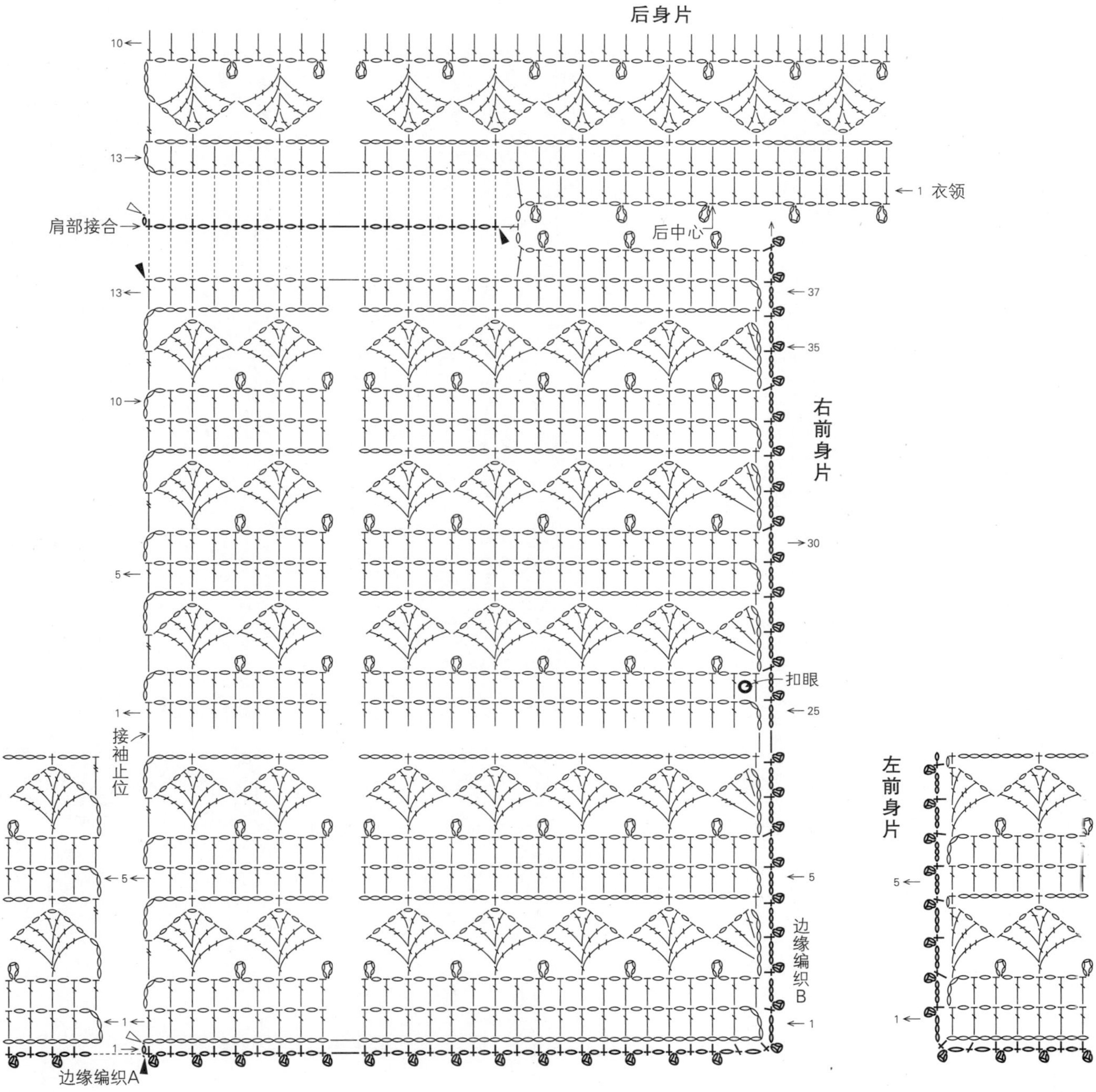

◁ = 加线
◀ = 剪线

边缘编织A（下摆、衣领上部、袖口）

边缘编织B（前门襟、衣领边缘）

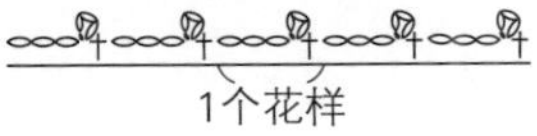

花样的编织方法

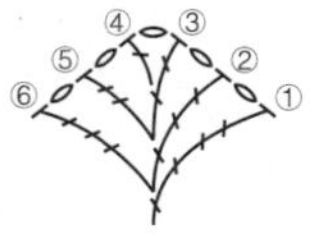

①编织4卷长针、1针锁针
②挑起前一针根部2根线，钩织3卷长针、1针锁针
③钩织长长针、1针锁针
④钩织长针、1针锁针
⑤在③的入针处钩织长长针、1针锁针
⑥在②的入针处钩织3卷长针

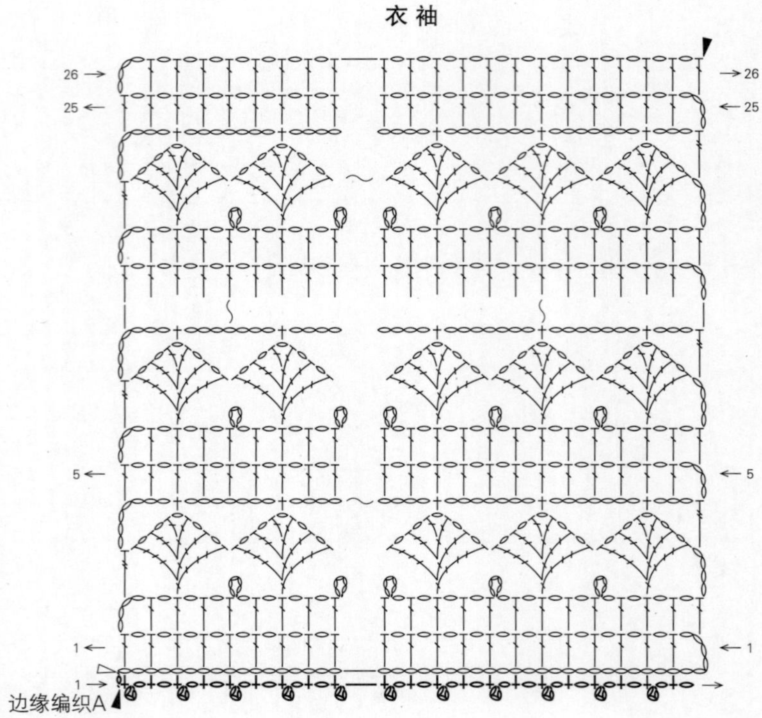

◁ = 加线
◀ = 剪线

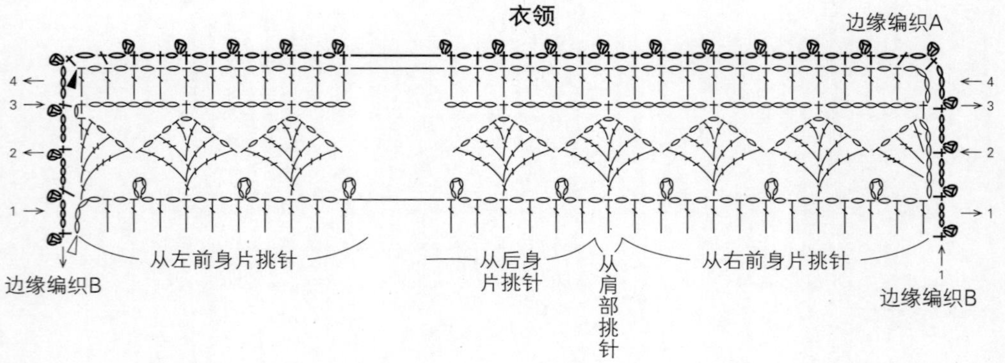

Y字针

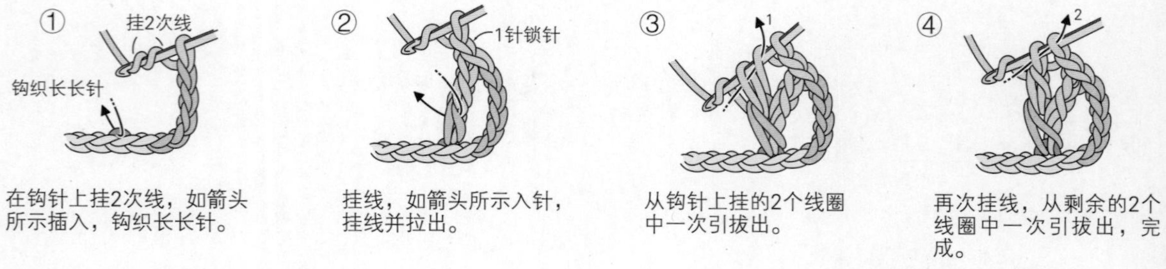

① 在钩针上挂2次线，如箭头所示插入，钩织长长针。

② 挂线，如箭头所示入针，挂线并拉出。

③ 从钩针上挂的2个线圈中一次引拔出。

④ 再次挂线，从剩余的2个线圈中一次引拔出，完成。

18

p.22

●**材料** Ski Supima Cotton（粗）孔雀绿色（5019）270g/9 团

●**工具** 棒针 4 号，钩针 4/0 号

●**成品尺寸** 胸围 98cm，衣长 50cm，连肩袖长 25.5cm

●**编织密度** 10cm×10cm 面积内：编织花样 27 针，40 行

●**编织要点** 手指挂线起针，全部做编织花样。领窝利用编织花样，按照图示减针。前后肩部正面相对对齐做盖针接合，用毛线缝针做挑针缝合至胁部衣袖开口止位。下摆用钩针环形做边缘编织 A。衣领做边缘编织 B，V 领尖按照图示减针，第 5 行不在后身片织入锁针。袖口环形做边缘编织 C。

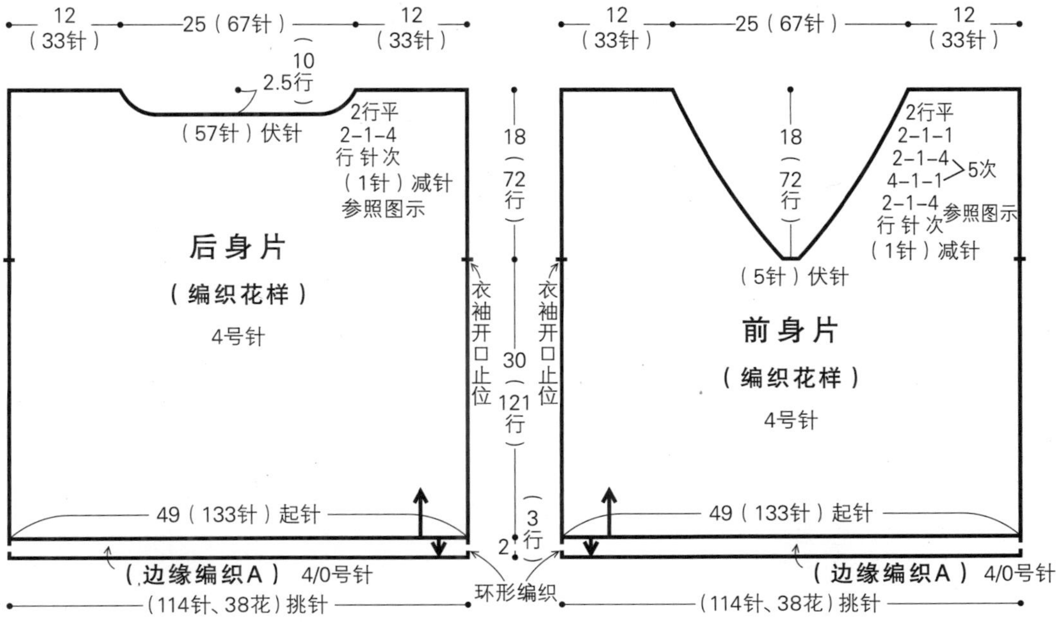

※ 花 ＝ 个花样

边缘编织 B（衣领）

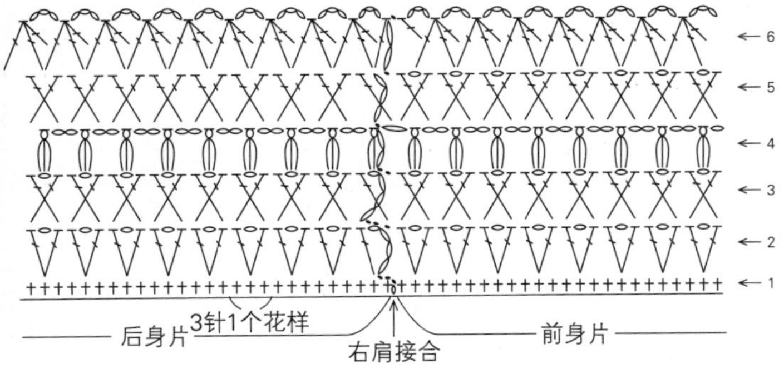

衣领（边缘编织B）4/0号针

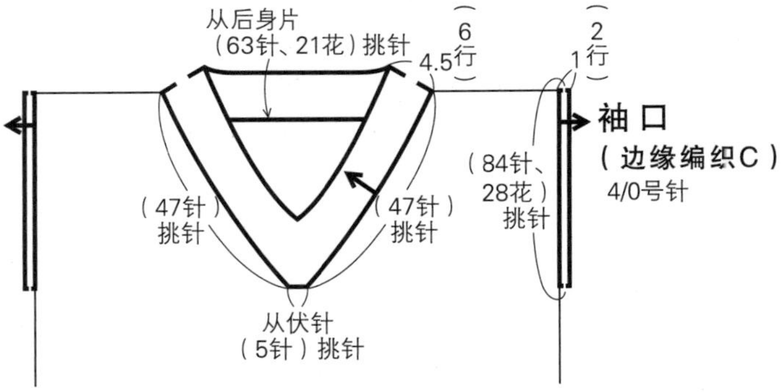

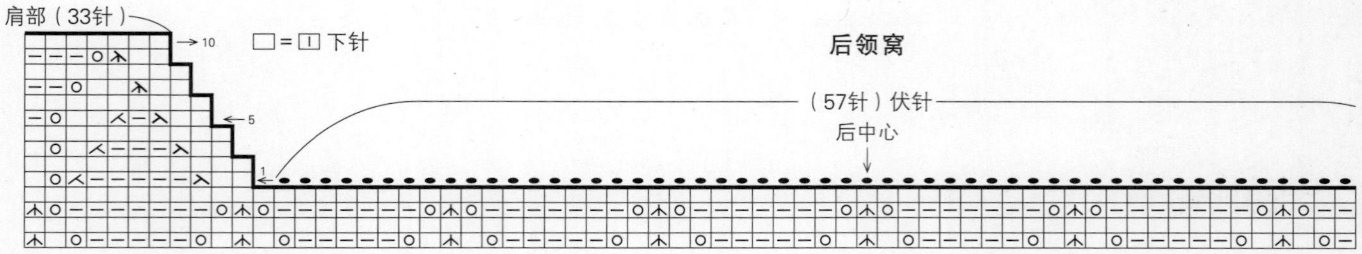

肩部（33针）
□=□ 下针
后领窝
（57针）伏针
后中心
10
5
1

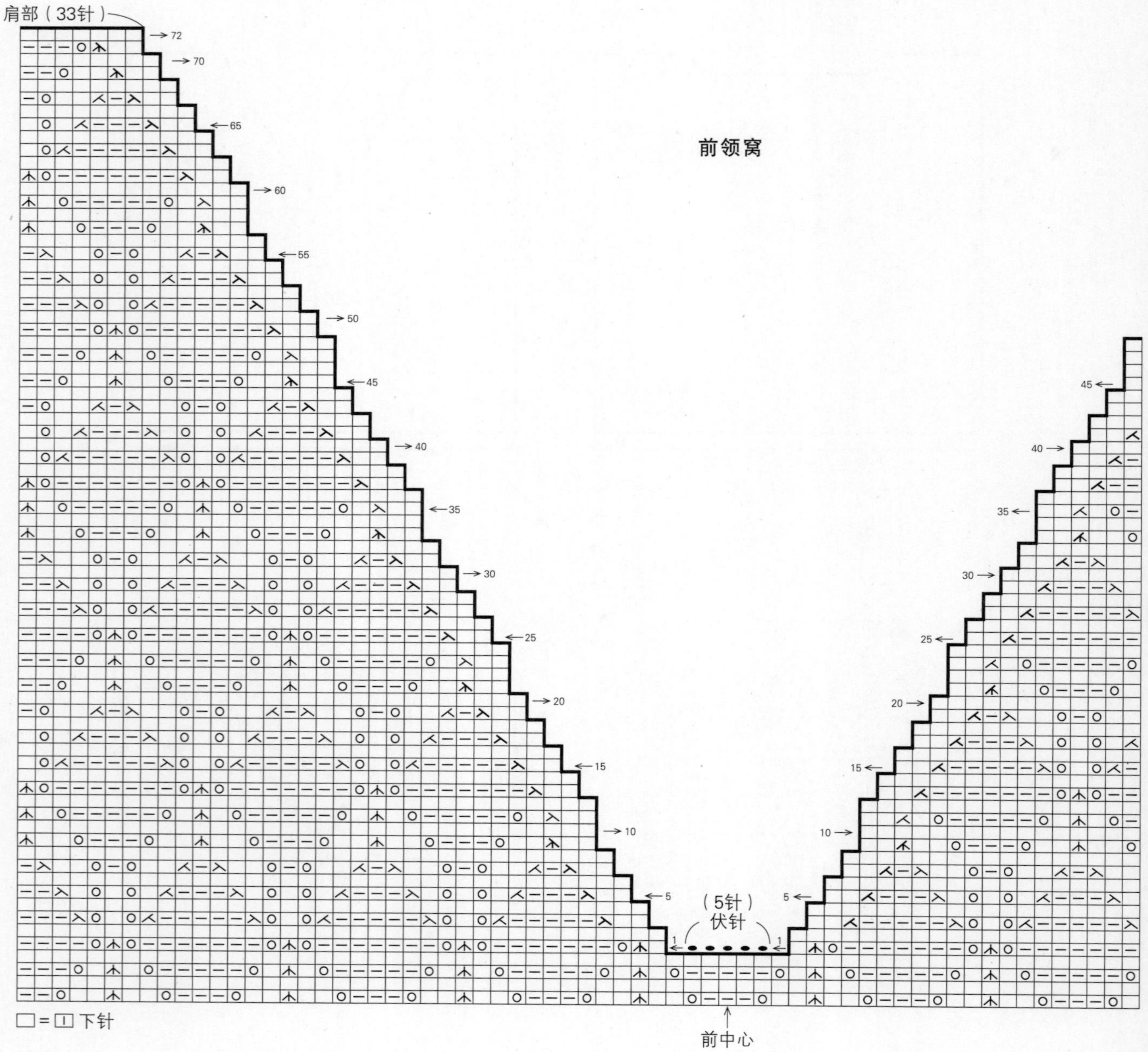

肩部（33针）
前领窝
（5针）伏针
前中心
□=□ 下针
72
70
65
60
55
50
45
40
35
30
25
20
15
10
5
1

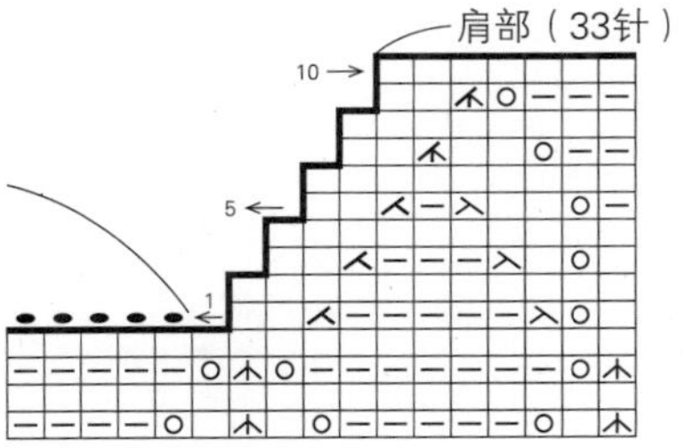

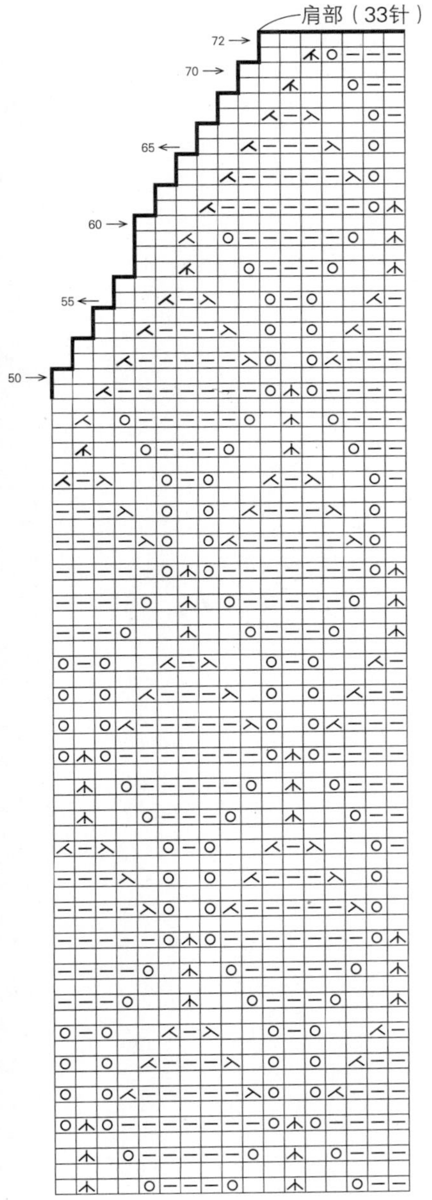

中上3针并1针

①

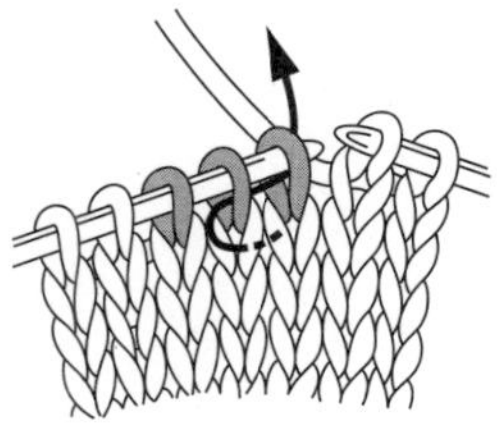

如箭头所示，插入棒针，不编织，将2针直接移至右棒针上。

②

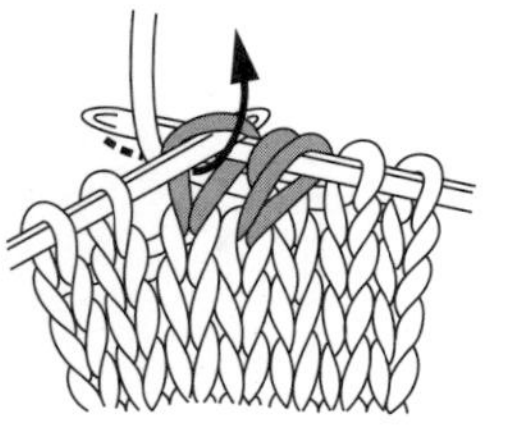

将右棒针插入下一针编织。

③

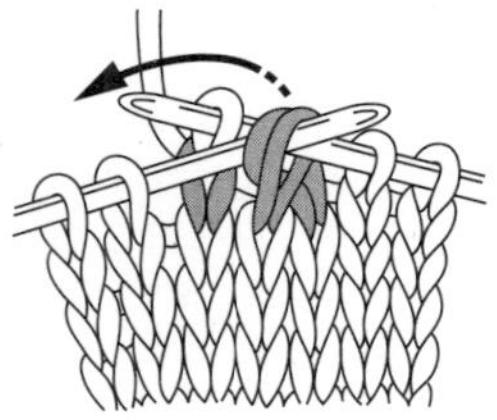

用移过来的2针盖住。

④

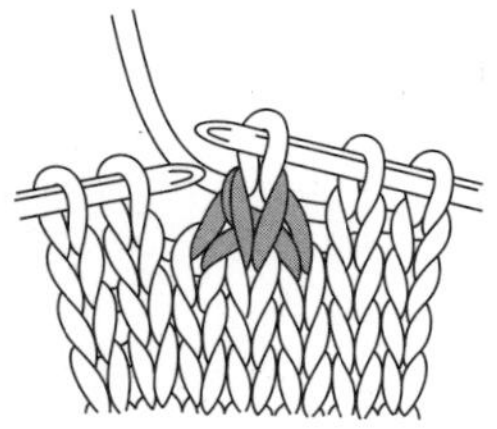

中上3针并1针完成。

编织花样

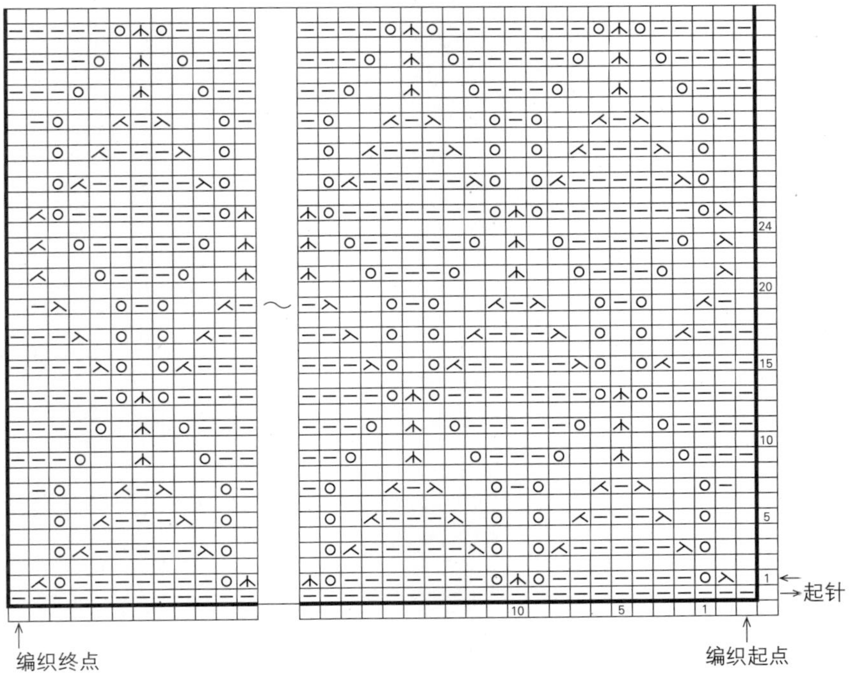

□=□ 下针

边缘编织A（下摆）

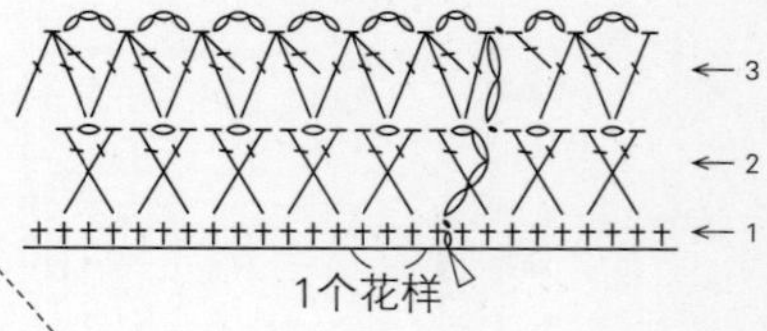

◁ = 加线
◀ = 剪线

边缘编织B（衣领）

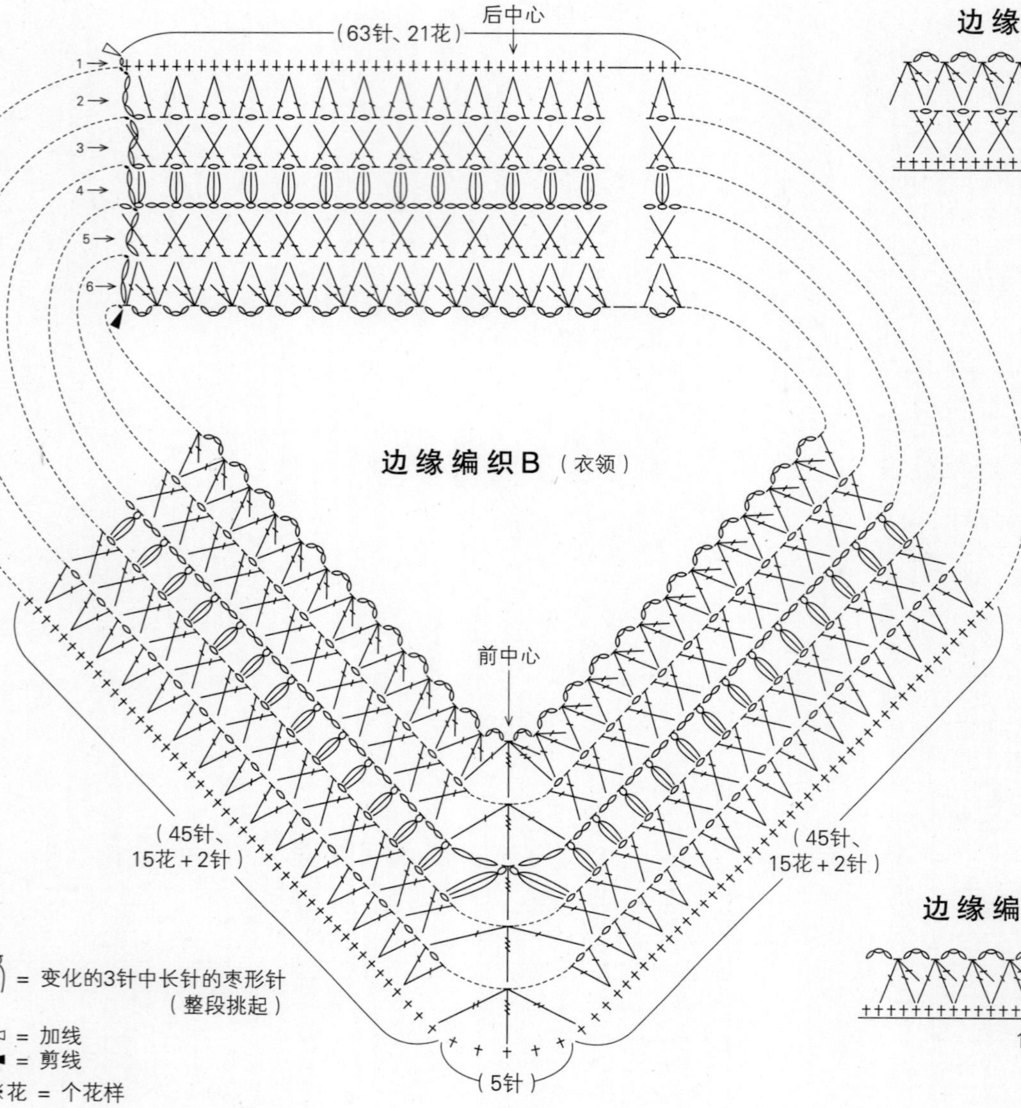

= 变化的3针中长针的枣形针（整段挑起）
◁ = 加线
◀ = 剪线
※花 = 个花样

边缘编织C（袖口）

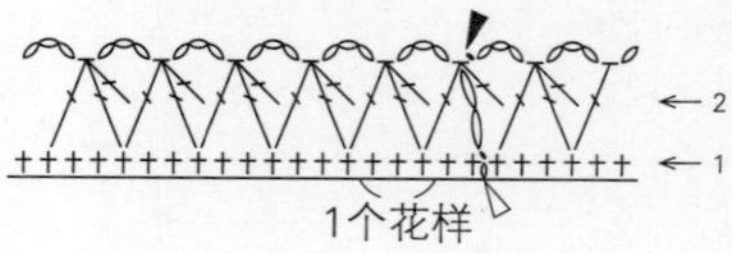

变化的3针中长针的枣形针

※作品是整段挑起的

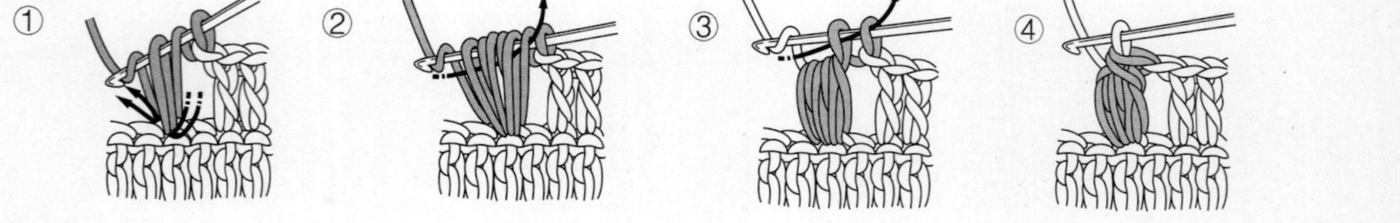

① 给钩针挂线，在1个针目中钩织3针未完成的中长针。

② 给钩针挂线，一次从钩针上的6个线圈中引拔出。

③ 给钩针挂线，从剩余的线圈中引拔出。

④ 拉紧头部，完成。

27

p.31

●**材料** Ski Linen Silk（中细）桔梗色（1423）240g/10 团
●**工具** 棒针 4 号
●**成品尺寸** 胸围 100cm，肩宽 39cm，衣长 56.5cm，袖长 39cm
●**编织密度** 10cm×10cm 面积内：下针编织 26 针，32.5 行；编织花样 25 针，32.5 行
●**编织要点** 后身片手指起针，做边缘编织 A，然后做编织花样、下针编织。前身片和后身片编织方法相同，前端一起做边缘编织 B、B'。袖窿、后领窝减针时，2 针及以上时做伏针减针，1 针时立起侧边 1 针减针。前领窝减针时，立起端头 4 针减针，后衣领从前身片接着编织。衣袖做边缘编织 A 和下针编织，袖下在端头 1 针内侧编织扭针加针。肩部做盖针接合，左右后衣领正面相对对齐做盖针接合，后领窝对齐做针与行的接合。胁部和袖下使用毛线缝针做挑针缝合，钩引拔针将衣袖接合于身片。前端会向织片内侧卷起。

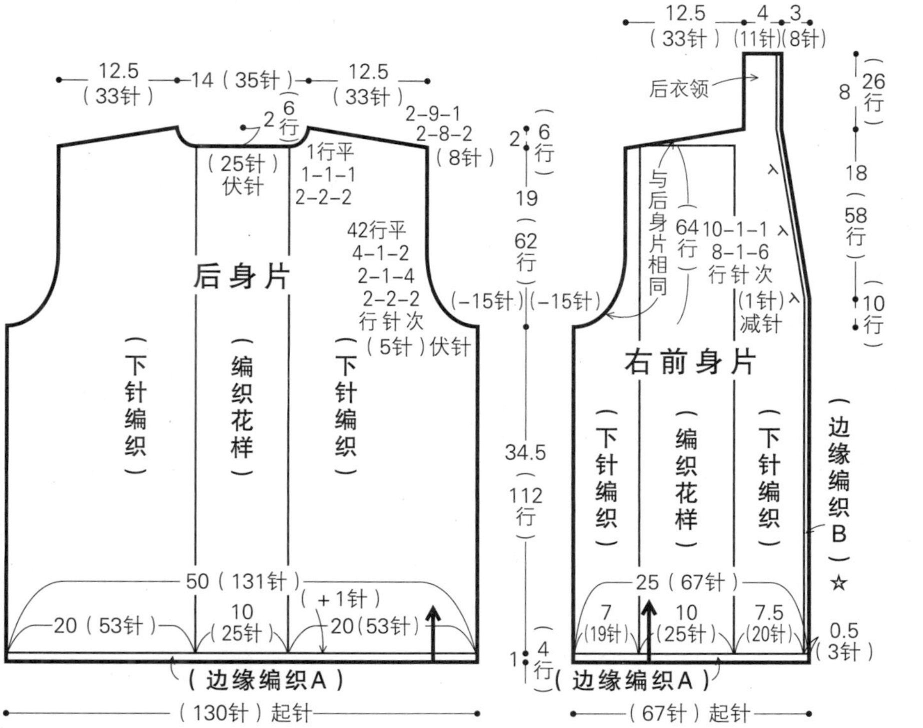

※ 全部使用4号针编织

☆左前身片编织边缘编织B'

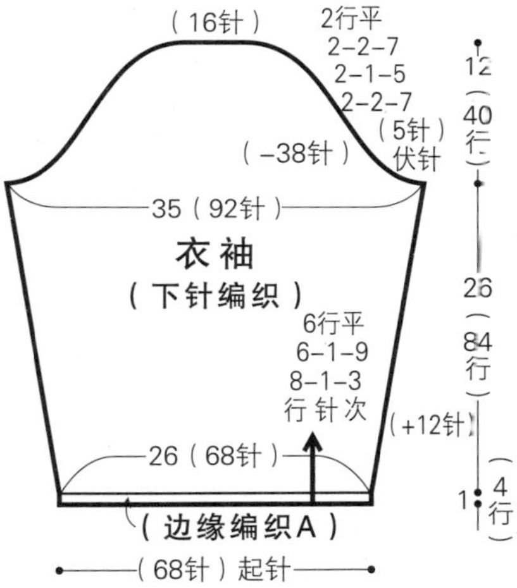

编织花样

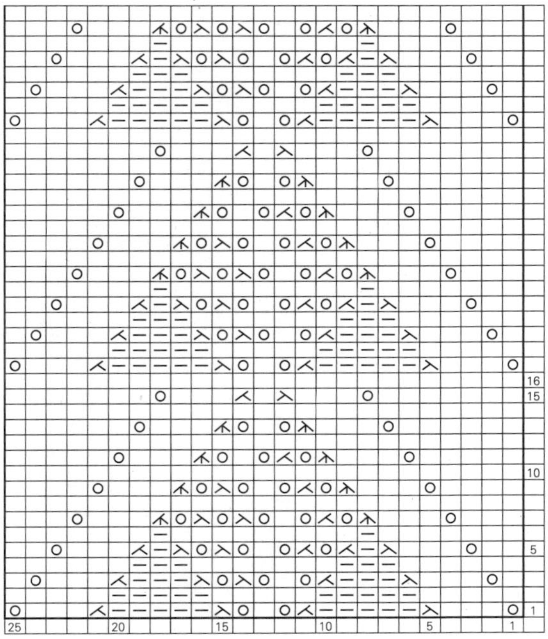

□=□ 下针

边缘编织 A

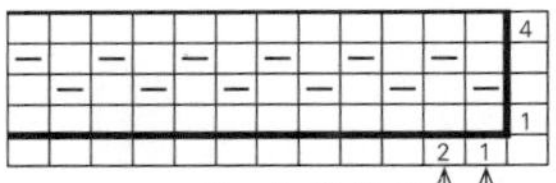

□=□ 下针 右前身片
后身片、左前身片、衣袖
编织起点

边缘编织

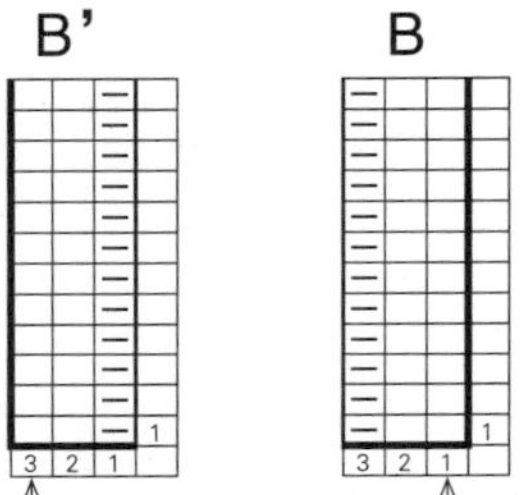

左前端 □=□ 下针 右前端

衣领的组合方法

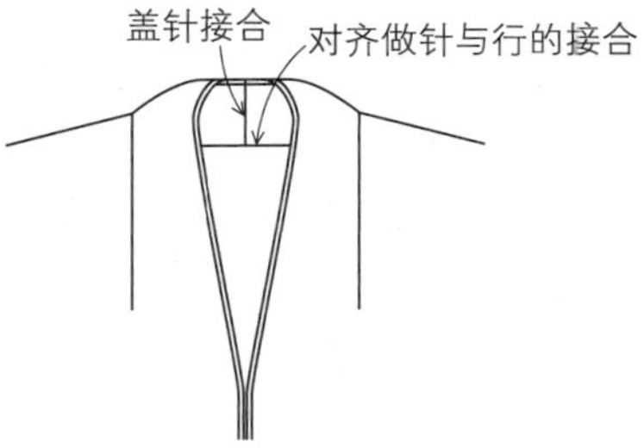

26

p.30

●**材料** Ski Leaf（中细）丁香花色（1206）300g/12 团

●**工具** 棒针 8 号、7 号

●**成品尺寸** 胸围自由，衣长 55cm，连肩袖长 46.5cm

●**编织密度** 10cm×10cm 面积内：下针编织 19 针，24 行；编织花样 18 针，25 行

●**编织要点** 全部用 2 根线编织。后身片手指起针，编织起伏针、下针编织。胁部在端头 1 针内侧减针，袖窿在端头 1 针内侧做扭针加针，斜肩做留针的引返编织。前身片编织起伏针和编织花样，一起编织前门襟的起伏针。后衣领接着前门襟编织，缝合部分编织 1 针卷针加针，继续编织起伏针。肩部做盖针接合，后衣领将左右两边正面相对对齐做盖针接合，后领窝对齐做针与行的接合。衣袖编织起伏针和编织花样，不加减针，对齐针与行接合于身片。胁部和袖下使用毛线缝针做挑针缝合。

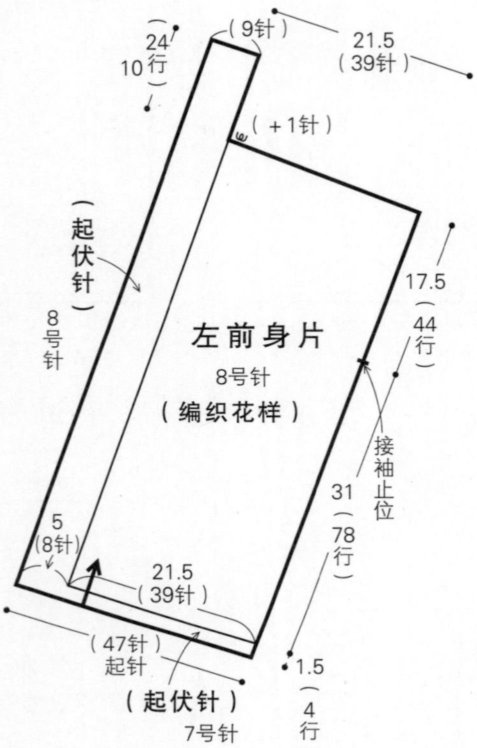

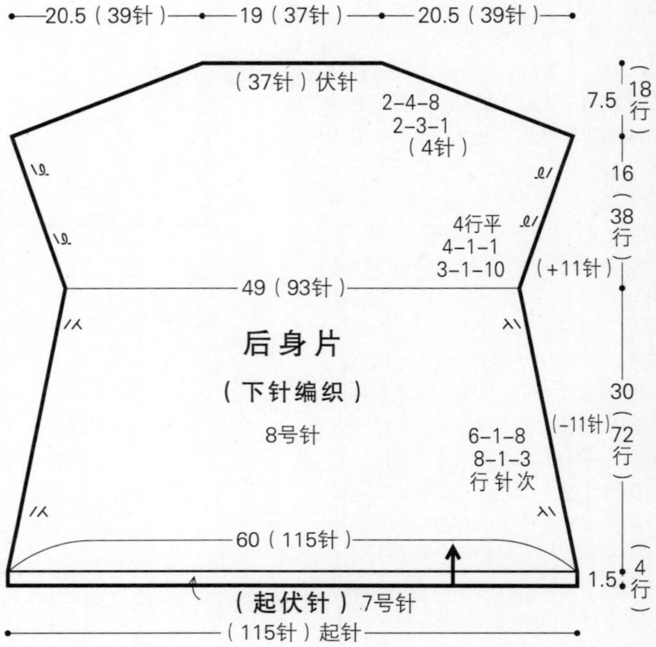

※ 全部用2根线编织

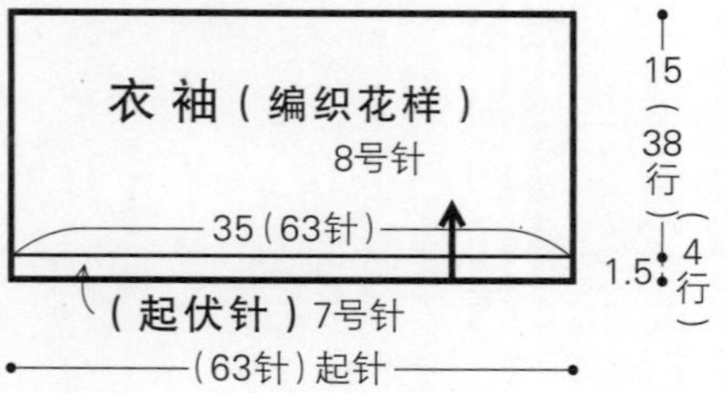

衣领的组合方法

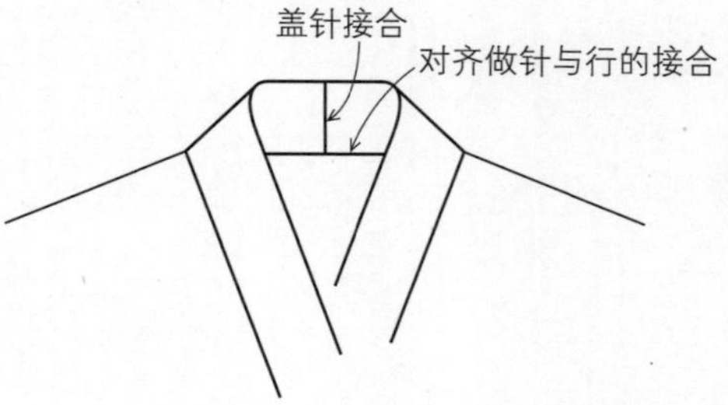

2卷绕线编

※作品是在反面绕线，在正面取下

①

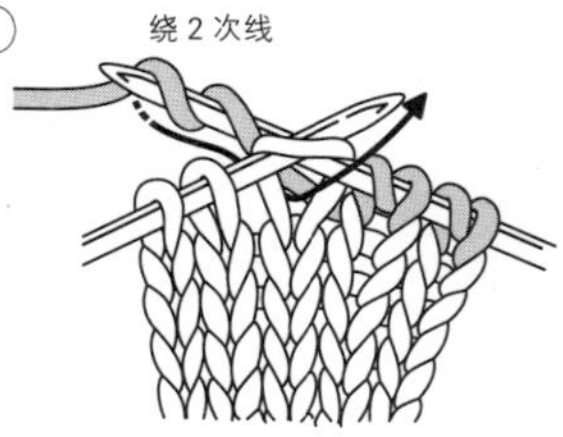

将右棒针插入图示针目，在上面绕线2次，将线拉出。

②

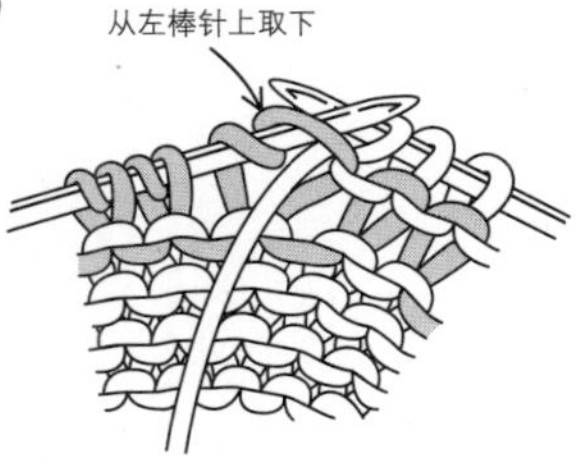

下一行一边取下绕线针目，一边编织。

③

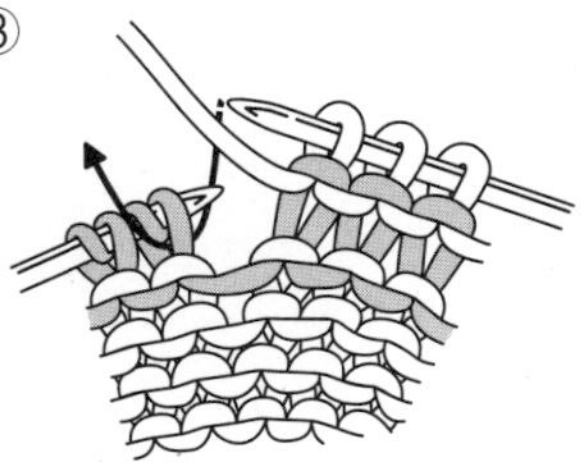

2卷绕线编完成。

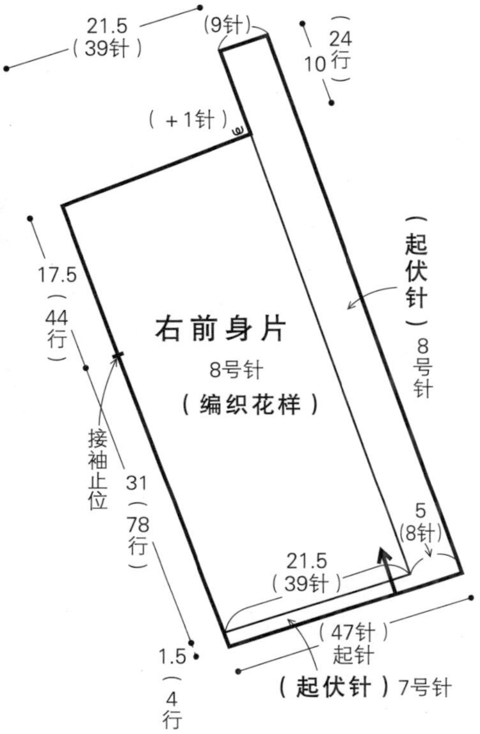

编织花样

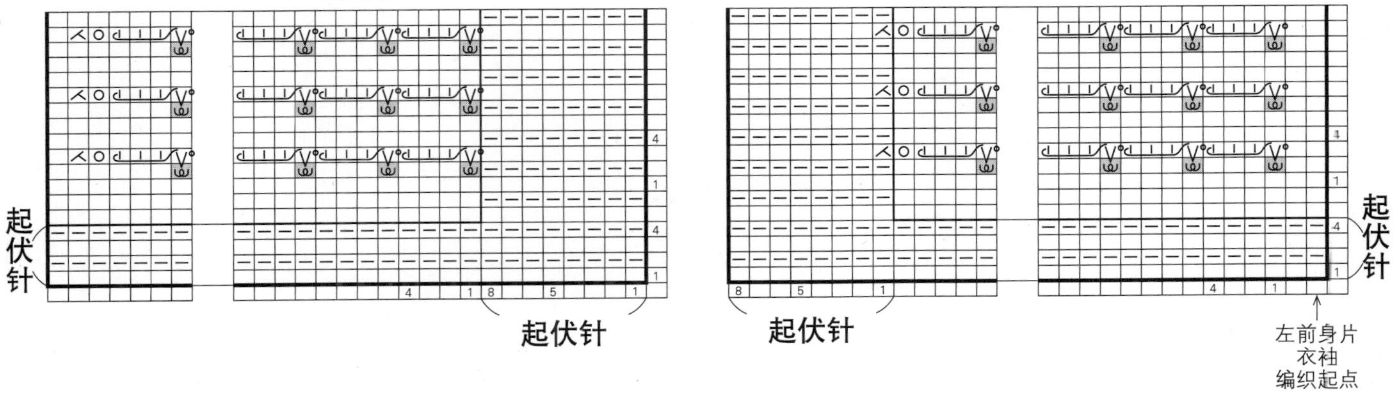

□ = ⊡ 下针

⊚ = 将右棒针插入针目，绕2次线，将线拉出

穿过右滑针的绕线（4针时）

1 在●处给棒针绕2次线（☆）

2 在×处编织挂针，取下绕线，不编织，直接移至右棒针上（滑针）

3 后面的3针编织下针

4 将左棒针插入2中的滑针，盖住刚刚编织的3针

Photographers: Hironori Handa, Noriaki Moriya
Original Japanese edition published in Japan by NIHON VOGUE Corp.
Simplified Chinese translation rights arranged with BEIJING BAOKU
INTERNATIONAL CULTURAL DEVELOPMENT Co., Ltd.

备案号：豫著许可备字-2020-A-0167

图书在版编目（CIP）数据

唯美手编.11，简约时尚的编织/日本宝库社编著；如鱼得水译. — 郑州：河南科学技术出版社，2022.6
ISBN 978-7-5725-0776-2

Ⅰ. ①唯… Ⅱ. ①日… ②如… Ⅲ. ①手工编织—图集 Ⅳ. ①TS935.5-64

中国版本图书馆CIP数据核字（2022）第054982号

出版发行：河南科学技术出版社
地址：郑州市郑东新区祥盛街27号　　邮编：450016
电话：（0371）65737028　　65788613
网址：www.hnstp.cn
策划编辑：刘　欣
责任编辑：刘　瑞
责任校对：刘淑文
封面设计：张　伟
责任印制：张艳芳
印　　刷：河南博雅彩印有限公司
经　　销：全国新华书店
开　　本：889 mm ×1 194 mm　1/16　**印张**：6.5　**字数**：180千字
版　　次：2022年6月第1版　2022年6月第1次印刷
定　　价：49.00元

如发现印、装质量问题，影响阅读，请与出版社联系并调换。